マトリックス思考

木下栄蔵

現代数学社

プロローグ ―― マトリックス思考とは

　私（著者）は若いころ兵法の名著『孫子』を読み感動した．特にその中の「敵を知り，己を知らば百戦危うからず」というフレーズは，真理をまとめた実にすばらしい言葉であると思う．なぜなら，人は，敵のことはよく解析し，理解するのですが，自分自身のことはあまりよく知らないからである．したがって，『孫子』では，上記のフレーズに続いて，「敵を知らずして己を知らざれば，戦うごとに必ず危うし」と警告視している．すなわち，敵を知らなくても自分のことがわかっていれば引き分けに持ち込めるが，自分のことが分かっていなければ必ず負けると断言している．国家戦略，地方戦略，企業の経営戦略，個人の戦略・・・等々，次元の違いはあるものの，すべて同じ発想で勝ち抜くことができる．

　ところで，『孫子』の兵法の作者は，中国の古代春秋時代の兵法家である孫武と言われている．この書は，一言で言えば「最高の戦略理論」について書かれたものであり，戦略について極めてやわらかい発想で論じている．特に，強調しているのは戦略と戦術の混合を厳しく戒めている．すなわち連戦連勝など愚の骨頂であり，単なる戦闘技術の発揮のみに全力を傾けることなどナンセンス以外の何ものでもないことを力説している．すでに連戦すること自体戦略無き戦いであり，死活の決戦以外の戦いをいかに回避するかが戦略家の目指すべき方向である．そして，死活の決戦に持てるカードをすべて出し切り，意思の集中，力の集中を計るのである．すなわち，敵のデータベースと己のデータベースを構築し，意思決定論などで解析すれば，百戦危うからずである．

　ところで，「孫子の兵法」を情報判断学という視点から2011年9月2日に発足した野田政権にとって最も重要な「財政再建か財政出動か」の政策課題について論じることにする．ただし，孫子の兵法の情報判断

学という側面からの詳しい説明は文献[1][2]を参照願いたい．

テーマ『野田政権における最重要課題「財政再建か財政出動か」』

野田政権における最重要課題「財政再建か財政出動か？」の選択は，人類にとって永久のテーマである．例えば2008年9月に行われた自由民主党の総裁選挙において，麻生氏と与謝野氏は経済政策において，正反対の主張をされました．すなわち，麻生氏は「今この時期（2008年9月，リーマンブラザーズが破綻したのを受けて，麻生氏は力説するのであるが）財政再建に走れば，経済は疲弊し，税収が激減し，財政は逆に悪化する．このときは，財政出動し，経済を立て直さなければならない」と主張された．一方の与謝野氏は，「国の借金がここまでくれば（約800兆円の負債をかかえている），早くプライマリーバランスを正常にしなければ，逆に日本経済は危うくなる．したがって，将来の増税も視野に入れて，財政再建しなければならない」と主張された．この両氏の意見はそれぞれもっともな視点を突いていてどちらも正しいのである．しかし，現実には，どちらかを選択しなければならない．それでも何故，両氏とも正しい意見を述べているのに，どちらかの選択しか道はないのでしょうか？そのために，経済局面という視点でマクロ経済学を考えてみることにする．

通常経済と恐慌経済

ところで，著者である木下は，日本における平成大不況（失われた20年）と現在進行中の米国サブプライムローン問題に端を発した世界同時株安の内容を分析した結果，マクロ経済学には大きく分けて，「通常経済」と「恐慌経済」の2つの局面があることに気が付きました．そして，「通常経済」の局面では民間企業は良好な財政基盤を前提に設備投資を行い，その結果マックスウェーバーのいう利潤の最大化に向かって

邁進しており，そのような中でアダム・スミスのいう「神の見えざる手」は，経済が大きく拡大する方向へと導いてくれる．ところが何 10 年に 1 回，民間の夢と欲望が複雑に重なり合ってバブル経済が発生して崩壊すると，経済は「恐慌経済」の局面に入る．この局面下では，バブル期に借金で購入した資産の価値が大幅に下がり，負債だけが残った企業にとって，投資効率は市場利子率より悪くなる．その結果，設備投資を行わなくなり，マックスウェーバーのいう利潤の最大化から債務の最小化に向かって行く．つまり，「恐慌経済」下では企業の経営目標は利潤の最大化を離れ，債務の最小化に移り，経済が小さく縮小する方向へと邁進するのである．

この 2 つの経済学(木下提案)における経済法則と OR(オペレーションズリサーチ)的分析等は参考文献[3][4]を参照願いたい．そして，これらの内容をふまえ，さきほどの麻生 VS 与謝野論争の結論は，以下のようにまとめられる．『もし，今(2008 年 9 月)の日本経済が通常経済の局面にあるならば与謝野氏の意見が正しい政策になります．』そして，『もし，今(2008 年 9 月)の日本経済が恐慌経済の局面にあるならば麻生氏の意見が正しい政策になります．』

問題は，2008 年 9 月の時点における日本経済の局面が「通常経済」にあるのか「恐慌経済」にあるのかを診断する必要にあるのである．ところで，この時点における日本経済は，平成大不況(実は恐慌経済下にあったのですが)を切りぬけ(2005 年頃からしだいに通常経済になりつつあったのですが)始めたのですが，グローバリゼーションのあおりを受けて，もう一度，恐慌経済下にもどり始めた頃だったのである．したがってここ数年は本格的な恐慌経済が深刻になってきている．したがって，2008 年 9 月における正しい政策は，『麻生氏の主張する財政出動』なのである．このように，多くの経済政策論争は，その時点での経済局面が通常経済か恐慌経済かによって結論が異なってくるのである．それ

では，次に麻生氏の主張する財政出動が正しい経済政策論争を紹介することにする．

財政出動が正しい経済論争
① 高橋是清 VS 青年将校

　1930年代の世界大恐慌は，日本にも波及し，世に言う，昭和恐慌に突入した．当時の日本経済は，典型的な恐慌済下にあった．当時の大蔵大臣であった高橋是清は，消費は美徳だと宣言し，政府の政治経済としては，財政出動を，又，自らは豪遊し，多額の出費をかさねました．この政策は，この経済下では，正しい政策だったのですが，当時，真面目すぎた青年将校の怒りを買い，2.26事件で暗殺されたのである．当時の東北地方は冷害も重なり『娘売ります』は地方政府である村役場の掲示板にも貼られていた．地方政府が堂々（どうどう）とこのような掲示物を貼るのですから，この当時の日本，あるいは特に東北地方は，極端な恐慌経済下にあったと思われる．したがって，当時の青年将校達の思い，すなわち，『一般庶民がここまで経済的に困窮しているのに，大蔵大臣高橋是清が豪遊するとは何ごとだ』は心情的にはよく理解できる．心情的にはよく理解できますが，経済政策的には，大蔵大臣高橋是清は，『正しい経済政策を実行したのです．』このことをよく理解することが，経済を理解することなのである．大蔵大臣高橋是清が死去されてから，軍部が主導権を握り，悪夢の太平洋戦争へと突入するのである．

② 亀井静香 VS 小泉純一郎

　2001年4月支持率80％という国民的超人気をバックに総理に就任した小泉純一郎氏は，構造改革・規制緩和・財政再建という政策で登場した．平成大不況の最中で，日本経済は「恐慌経済」下にあった．さき

ほどからの話で，読者の皆さんはもう十分に理解されたと思いますが，「恐慌経済」下では，『構造改革・規制緩和・財政再建は，誤った政策なのです．』ところが，この耳ざわりのよい政策に多くの日本国民は騙され，小泉総理に投票したのである．その結果，東京と地方の格差がつき，大企業と中小企業の格差がつき，一部の富裕層と多くの低所得者の間に格差がつきいた．さらに，「恐慌経済」下では，『「民」から「官」が正しい政策』であるのに彼は，『「官」から「民」の誤った政策』を実行した．すなわち民間の資金需要が不足しているときに，『郵政民営化と道路公団民営化』という，誤った政策を実行したのである．『郵政民営化と道路公団民営化は，通常経済下のときに実行するのが正しい政策なのです．』これに対し，亀井静香氏は，「恐慌経済」下では，正しい政策である『財政出動と郵政民営化反対』を政策の基軸にし，自由民主党から国民新党へと転身していったのである．

しかし，近い将来日本経済が通常経済に戻れば，小泉氏の主張が正しく，亀井氏の主張が誤っていた政策になることは申すまでもない．重要なことは，日本経済が今，「通常経済」下にあるのか，「恐慌経済」下にあるのかを見極めることなのである．

ところで1980年代，南米のアルゼンチンは「恐慌経済」下になり，不況に陥ったのである．このとき，アルゼンチンの大統領であったメナム氏は，構造調整改革と規制緩和を実行しましたが，経済が破綻し，多くのホームレスを出した．カルトネーロスというその日暮の貧民層が数多く出現し，大きな格差に国民は塗炭の苦しみにあえいだのである．そして，2001年その当時のアルゼンチンの大統領であるロドリゲスは，国家破綻すなわちデフォルト宣言をするのである．ところが，アルゼンチンが構造改革という誤った政策で国家破綻したその年（2001年）に日本に小泉総理が誕生したことは，大変な皮肉といわざるをえない．やはり，その時の経済局面を見ぬき，正しい政策を実行することこそが必要

v

なのである．それでは次に財政再建が正しい経済政策論争を紹介することにする．

財政再建が正しい経済論争

① 福田赳夫 VS 田中角栄

　1972年，日本における自由民主党総裁選挙は，実質的に，福田赳夫氏と田中角栄氏の一騎打ちだった．佐藤栄作氏が約8年という長期政権を維持し，大阪万博，沖縄返還という大きな政治業績を残し，勇退した後の総理の座を争ったのである．この総裁選挙は金権選挙の象徴のように取り扱われていますが，著者である木下は，別の観点でこの総裁選挙をとらえている．人気者である田中角栄氏は「日本列島構改造論」という，公共事業のシナリオを政策の基本としていた．一方，地味な福田赳夫氏は，「財政再建」をとなえ，健全な国家財政を訴えていた．2008年の日本における自由民主党総裁選挙における麻生氏と与謝野氏とまったく同じ政策論争である．ただ，異なる点は，2008年の日本経済は，「恐慌経済」下ですから，麻生氏の財政出動の政策が正しいのですが，1972年当時の日本経済は高度経済成長の真っただ中で「通常経済」下にあった．したがって，1972年当時の政策は，『福田氏の「財政再建」が正しい政策であり，田中氏の「日本列島改造論」は誤った政策である．』ことを認識しなければならない．「通常経済」下における財政出動は，『クラウディングアウト』になり，民間企業をしめだす結果になり，誤った政策となる．したがって，田中角栄氏の退陣の理由は『経済政策の失敗が主な理由であり，金脈問題は従な理由なのです．』小泉総理が構造改革・財政再建・規制緩和で失敗したように，田中角栄は，「日本列島改造論」という財政政策（財政出動）で失敗したのである．

　ところが，お二人とも，就任時の支持率があまりにも高く，この人気のために，国民が正しい判断ができなかったのである．一人が『自

民党をぶっ壊す』そしてもう一人が『今太閤：コンピュータ付ブルドーザー』という名ゼリフのもと，日本の政治と経済を誤った方向に導かれたことは一国民として残念でならない．

② 戦後の米国における古典派 VS ケインジアン

　第2次世界大戦前の1930年代の米国発世界大恐慌の中，時の大統領ルーズベルトは，ニューディール政策と太平洋戦争の戦費による財政出動により，大恐慌を乗り切ったのである．すなわち，「恐慌経済」から「通常経済」に戻したのである．ですから，戦後の米国は「通常経済」の政策すなわち「経済は市場に任せる」ことが最善の政策であったのである．しかし，ニューディール政策すなわちケインズ政策の成功体験があまりにも鮮明に経済政策担当者の脳裏に残っていたものですから，この成功体験を政策の基本（ケインズ政策）にしたのである．ですから「通常経済」下において財政出動すれば，『クラウディングアウト』すなわち，民間企業を閉めだす結果になった．このことにより，ケインズは誤った政策ということになり『ケインズは死んだ』という名ゼリフが残ったのである．そして，この名ゼリフだけが一人歩きを始め，新古典派と呼ばれる新たな『市場原理主義者』が，米国における経済学者と経済政策担当者になったのである．『小さな政府』という名キャッチフレーズは，「ケインズは死んだ」という格言から発信されたことは申すまでもない．これで，味をしめた「市場原理主義者」が2008年の世界同時株安すなわち，サブプライムローン問題のトリガーになったのである．

　すなわち，いつも1つの政策が正しいのではなく，『経済局面によって正しい政策は変化する』ことを十分に理解しなければならないのである．それでは野田政権はどのような経済政策を実行すればよいのでしょうか．

野田政権における正しい経済政策

　2012年2月はリーマンショックの傷跡がまだ深く残り，また世界は同時恐慌経済に入ったままの状態でる．したがって，野田政権は『赤字国債を発行して財政出動』するべきなのである．よく，国の借金はよくないという主張が全マスコミを通じて報道されていますが，正しくは以下に示す通りなのである．

　『通常経済では，赤字国債は発行すべきではない』のである．なぜなら，経済主体(個人と企業)は借金して消費や投資を行っている．したがって，これ以上政府は借金すべきではない．

　一方『恐慌経済では赤字国債は発行すべき』なのである．なぜなら，経済主体(個人と企業)は，借金返済をして消費や投資をしなくなっている．したがって代わりに政府が借金をして消費(政府は最後の消費者)しなければならない．しかも日本は，自国通貨建ての国債で，ほとんど自国民が買っている．つまり，日本人の預貯金を管理している日本の金融機関は最も安全な日本国債(利回りが最低であり国債の価格が最高である)で運用しているのである．したがって，国の借金はつまり，個人の金融資産にほかならない．800兆円もの国の借金があるということは，言葉を換えれば800兆円もの個人の金融資産(日本国債で運用)があるということなのである．また，最も安全な日本国債で運用したおかげで，サブプライムローン関連の危険な運用をしなかったのである．このような賢明な選択をした日本国民が大成功したことに気づくべきなのでる．(過信をしてはいけません)

　以上が，「孫子の兵法」の情報判断学の視点より分析した日本における経済政策の適用事例である．

　物理には法則があるのと同様に，経済にも法則がある．孫子の兵法から経済を客観的に見直すと，今まで考察してきたような「通常経済と恐慌経済」という二つの局面があることがわかる．

このように，二つの局面から一つの事柄を同時に見る思考法には，数学の線形代数（行列，マトリックス）を用いる「マトリックス思考」がある（木下提案）．この思考法を具体的にマスターする方法は，以下に述べるとおりである．

　マトリックス思考とは『2つの局面から1つの事柄を同時に見る思考法』であり，この思考の道具としては，数学における線形代数（行列）表現を意味している．また，言葉をかえれば，『あらゆるものごとを2つの視点から同時に思考する考え方』であり，従来から唱えられている「水平思考」，「ロジカルシンキング」，「ラディカル思考」，「戦略的思考」の延長線上にあるメタ戦略思考と考えられる．また，本書を通じて，『マトリックス思考』の啓蒙・教育の機会とする．また，行列の演算が実は，マトリックス思考となっていることを発見する著書でもある．

[例]つる亀算

　有名な「つる亀算」を例にマトリックス思考について説明する．問題『つると亀が合計10匹いるとする．また，全部の足を合計すると30本である．さて，つるが何匹，亀が何匹いるのでしょうか？』という問題は，普通は次のように解くのである．例えば，全部の動物がつるとする．すると足の数は，10×2本$= 20$本となる．実際は，30本ですから，30本-20本$= 10$本足りないことになる．したがって，亀の数は10本割（亀とつるの足の数の差）2本となる．したがって，$10 \div (4-2) = 5$匹が亀の数となり，つるの数は10匹-5匹$=5$匹となる．検算すると，（つるの数5匹）$\times 2$本$+$（亀の数5匹）$\times 4$本$= 30$本となり，正解となる．

　一方，マトリックス思考で考えると，つるの数をx匹，亀の数をy匹とすると問題は以下のように記述できる．（連立一次方程式）

$$2x + 4y = 30 \quad \cdots (1)$$
$$x + y = 10 \quad \cdots (2)$$

$(1) - (2) \times 2$

$$2x + 4y = 30$$
$$-\underline{)2x + 2y = 20}$$
$$2y = 10$$

$$\therefore y = 5 \,(匹), \quad x = 10 - 5 = 5 \,(匹)$$

となる．

マトリックス表現すれば，クラーメンの公式により，

$$\begin{bmatrix} 2 & 4 \\ 1 & 1 \end{bmatrix} \begin{bmatrix} x \\ y \end{bmatrix} = \begin{bmatrix} 30 \\ 10 \end{bmatrix}$$

と表現でき，

$$x_{(つる)} = \frac{\begin{vmatrix} 30 & 4 \\ 10 & 1 \end{vmatrix}}{\begin{vmatrix} 2 & 4 \\ 1 & 1 \end{vmatrix}} = \frac{30 \times 1 - 10 \times 4}{-2} = \frac{-10}{-2} = 5 \,(匹)$$

$$y_{(亀)} = \frac{\begin{vmatrix} 2 & 30 \\ 1 & 10 \end{vmatrix}}{\begin{vmatrix} 2 & 4 \\ 1 & 1 \end{vmatrix}} = \frac{2 \times 10 - 1 \times 30}{-2} = \frac{-10}{-2} = 5 \,(匹)$$

となる．

目次

プロローグ ——マトリックス思考とは ……………………… i

マトリックス思考事例 ①〜⑳

事例 ① 産業連関分析 ……………………………………… 1
事例 ② 人口移動とマルコフ連鎖 ………………………… 5
事例 ③ うわさの伝播とマルコフ連鎖 …………………… 10
事例 ④ 巨大迷路と吸収マルコフ連鎖 …………………… 15
事例 ⑤ 週末の遊びと線形計画法 ………………………… 19
事例 ⑥ 囚人のジレンマとゲーム理論 …………………… 23
事例 ⑦ ゲーム理論における 4 つのジレンマ …………… 27
事例 ⑧ AHP の誤謬 ……………………………………… 33
事例 ⑨ 支配型 AHP の正当性 …………………………… 39
事例 ⑩ 意思決定基準 ……………………………………… 44
事例 ⑪ ISM と応用例 …………………………………… 51
事例 ⑫ DEMATEL ……………………………………… 57
事例 ⑬ DEMATEL による社会的意思決定 …………… 65
事例 ⑭ PERT と応用例 ………………………………… 70
事例 ⑮ CPM と応用 ……………………………………… 75
事例 ⑯ オイラーの一筆書き ……………………………… 80
事例 ⑰ 多段階配分問題 …………………………………… 86
事例 ⑱ 最短経路問題 ……………………………………… 92
事例 ⑲ サンクトペテルスブルグの逆説 ………………… 96
事例 ⑳ 効用関数 …………………………………………… 101

エピローグ ——マトリックス思考の応用例 …………………… 108

マトリックス思考事例 ① 産業連関分析

　いま，日本経済がきわめて簡単な経済，つまり3つの産業 I, II, III からなると仮定し，それらの産業間の物的な投入 — 産出の連関が以下のような行列で表現されるものとする．

$$\begin{array}{c} \\ \text{I} \\ \text{II} \\ \text{III} \end{array} \begin{array}{cccc} \text{I} & \text{II} & \text{III} & \text{最終需要} \\ \left[\begin{array}{cccc} 100 & 200 & 100 & 200 \\ 50 & 140 & 10 & 100 \\ 60 & 20 & 120 & 160 \end{array} \right] \end{array}$$

　ここで，各行は各産業の産出物がどこへ行くかを示している．たとえば産業 I によって毎年生産される600単位の全産出物のうち，100単位は自らの生産過程において投入量として使用される．これに対し200単位は産業 II に，100単位は産業 III にそれぞれ売却され，各々の生産過程において投入物として使用される．また，残りの200単位は最終消費者に売却される．次に，最初の3つの列は，各産業の物的な投入物がどこから来るのかを示している．そして4番目の列は，最終消費者が必要とするさまざまな物をどこから入手するのかを示している．

　ところで，この行列の行の要素を足し算してみると，次のことがわかる．つまり I の200単位分の最終需要，II の100単位分の最終需要，III の160単位分の最終需要を満たすためには，産業 I, II, III は結局のところそれぞれ600単位，300単位，360単位だけ生産しなければならないということである．それでは，ある産業の最終需要の水準が変化したとしたら，どうなるの

であろうか．その変化に応じて，これらの3つの産業はどのくらいの量を生産しなければならないのであろうか．

そこで，ちょうど2つの産業A, Bがあり，最終需要をA 600単位，B 400単位とする．そして，これらの最終需要の水準を満たすためには，A, Bの産出量はそれぞれどれだけの量でなければならないのであろうか．この条件のもと，Aを1単位生産するには，Aを $\frac{1}{4}$ 単位，Bを $\frac{1}{4}$ 単位がつねに必要であり，Bを1単位生産するには，Aを $\frac{1}{2}$ 単位，Bを $\frac{1}{3}$ 単位必要であることがわかった．すると，この経済における投入と産出の全体図を描くことができる．

すなわち，Aに関して，

$$A = \frac{1}{4}A + \frac{1}{2}B + 600$$

となっていることがかわる．

一方，Bに関して，

$$B = \frac{1}{4}A + \frac{1}{3}B + 400$$

となっていることがわかる．これらを図にすれば，次の図-1のように示すことができる．

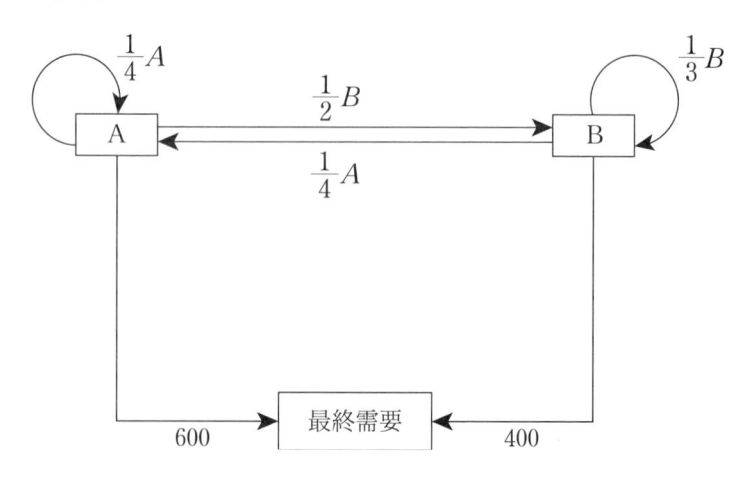

図 -1

これらの様子を行列(マトリックス)を使って示すと以下のようになる．

$$\begin{bmatrix} A \\ B \end{bmatrix} = \begin{bmatrix} \frac{1}{4} & \frac{1}{2} \\ \frac{1}{4} & \frac{1}{3} \end{bmatrix} \begin{bmatrix} A \\ B \end{bmatrix} + \begin{bmatrix} 600 \\ 400 \end{bmatrix}$$

$$\vdots \qquad \vdots \qquad \vdots \qquad \vdots$$

$$\text{X} \qquad \alpha \qquad \text{X} \qquad \text{Y}$$

すると，上式は，以下のように表わすことができる．

$$X = \alpha \cdot X + Y$$

そして，

$$(I - \alpha) \cdot X = Y$$

すなわち，

$$X = (I - \alpha)^{-1} Y$$

となる．

こうして，産業連関分析を行列(マトリックス)を使って解くことができる．すなわち

$$\alpha = \begin{bmatrix} \frac{1}{4} & \frac{1}{2} \\ \frac{1}{4} & \frac{1}{3} \end{bmatrix}$$

そこで

$$(I - \alpha) = \begin{bmatrix} 1 & 0 \\ 0 & 1 \end{bmatrix} - \begin{bmatrix} \frac{1}{4} & \frac{1}{2} \\ \frac{1}{4} & \frac{1}{3} \end{bmatrix}$$

$$= \begin{bmatrix} \frac{3}{4} & -\frac{1}{2} \\ -\frac{1}{4} & \frac{2}{3} \end{bmatrix}$$

これの，逆行列を求めると，

マトリックス思考事例 ①

$$(I-\alpha)^{-1} = \frac{8}{3}\begin{bmatrix} \frac{2}{3} & \frac{1}{2} \\ \frac{1}{4} & \frac{3}{4} \end{bmatrix}$$

となる．したがって，

$$総産出 = X = \begin{bmatrix} A \\ B \end{bmatrix} = \frac{8}{3}\begin{bmatrix} \frac{2}{3} & \frac{1}{2} \\ \frac{1}{4} & \frac{3}{4} \end{bmatrix}\begin{bmatrix} 600 \\ 400 \end{bmatrix}$$

すなわち，

$$\begin{bmatrix} A \\ B \end{bmatrix} = \frac{8}{3}\begin{bmatrix} 600 \\ 450 \end{bmatrix} = \begin{bmatrix} 1600 \\ 1200 \end{bmatrix}$$

となる．

つまり，Aが600単位，Bが400単位の最終需要を満たすためには，全部でAが1600単位，Bが1200単位だけ生産しなければならないのである．この様子は，図-2に示すことができる．

この例は，マトリックス思考を使って，産業連関分析により，経済現象を記述することができたのである．

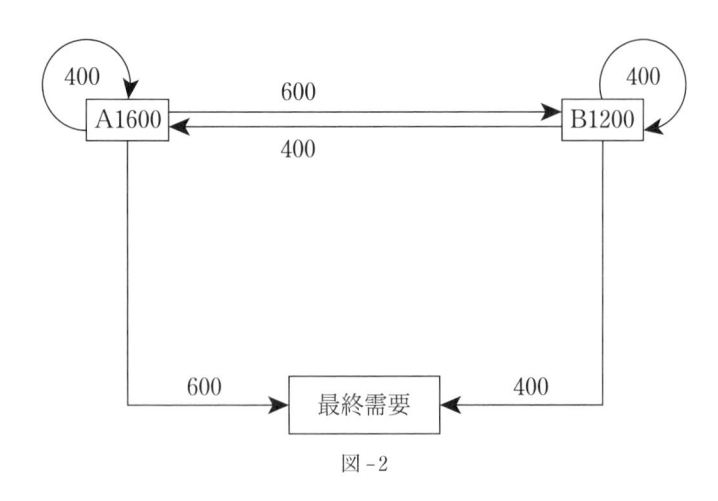

図-2

4

マトリックス思考事例②

人口移動とマルコフ連鎖

　病めるアフリカを象徴するのが，難民の群れである．とりわけ，ウェール共和国と，その隣国スイーター王国は，ここ数年続くかんばつと絶え間ない種族間抗争によって，国民の大半が難民と化した観があった．

　ウェール共和国のどこそこに大雨が降って，井戸には水があふれている，といったうわさが流れるや，スイター王国から何千人という難民がドッと押し寄せる．ところが，聞くと見るとは大違い，そこでは，同じ雨でも砲弾の雨が降っていたりして，こんどはウェールからスイターへ，まえに倍する難民が移動してくる．こんなぐあいだから，両国の国境では，兵隊と難民のいざこざが絶えず，そのたびに大勢の犠牲者が出る．まさに，悲劇が悲劇を呼ぶ惨状を呈しているのである．

　そこで，両国は１つの協定を結んだ．すなわち，両国の難民は，両国の間を自由に出入りできるものとする，としたのである．両国にとっては，いまや，人口が少々増えようと，その困窮ぶりが変わるわけじゃなく，それならいっそ，国境など取っ払ってしまえ，と思ったのであろう．ほんとうは，周辺の別の国へ行ってほしいのだが，これら比較的豊かな国々には，頑として国境を閉ざし，両国の難民を受けつけないのである．国家エゴイズムというやつだ．

　さて，現在の時点で，ウェール共和国の人口は百万人，スイター王国は十万人としよう．そして，１ヶ月ごとに，ウェール共和国から，そ

の人口の1％がスイター王国に流入し，スイター王国からはその人口の4％にあたる難民がウェール共和国に移動するものとする．

このように人口移動状況が，今後長く続いた場合，両国の人口は，それぞれどのくらいに落ちつくのだろうか？ ウェールの1/10しかないスイターの人口は，やがてゼロになってしまうのだろうか？
なお，出生，死亡等の条件はこのさい考えないものとし，かつ，両国以外の国とは人口の移動はないものとする．

さて，ウェール共和国とスイター王国の相互的な人口推移は，図-1に示したようになる．

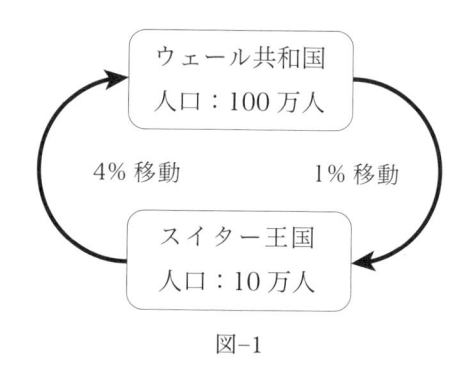

図-1

最初の1ヵ月めでは，ウェール共和国からスイター王国へは百万人の1％である1万人が移り，スイター王国からウェール共和国へは，10万人の4％である4000人が流入する．その結果を差し引きすると，ウェールの人口は99万4000人，スイターの人口は10万6000人となる．

同様に，2ヶ月めには，ウェール共和国から99万4000人の1％，すなわち9,940人がスイター王国へ出ていき，かわりにスイター王国から

106,000人の4％，つまり4,240人がやってくる．差し引き，ウェール共和国の人口は988,300人，スイター王国は111,700人となる．

これを繰り返すと，いったいどういうことになるか．めんどうな計算は省略し，結果だけをいおう．最後には，ウェール共和国の人口は，88万人，スイター王国は22万人となる．つまり，4対1の比率になったところで，あとはまったく変化しないのである．88万人の1％は8800人，22万人の4％は8800人であるから，8800人がおたがいに出たりはいったりするだけで，絶対数は変わらないというわけだ．ここでおもしろいのは，この最終的な人口比率は，両国の最初の人口数とまったく関係がない，ということである．すなわち，最初の人口が，まえとは反対にウェール共和国が10万人で，スイター王国が100万人であったとしても，総人口が110万人であれば，やはり，ウェールが88万人，スイターが22万人になる．

すなわち，「両国の最終的人口比は，もとの人口数に無関係に，人口移動率の逆数となる．」たとえば，A国からB国へ5％，B国からA国へ22％移動する場合，A国とB国の最終的人口比は，12対5となる．なんとも不思議な現象ではないか．

このような数学的推移関係は，専門的には「マルコフ連鎖」と呼ばれている．ソ連の数学者マルコフが，プーシキンの詩「オネーギン」の中の母音と子音の分布状態を調べているときに，偶然に発見したといわれている法則である．「マルコフ連鎖」を数学的用語を用いずに説明するのはむずかしいが，ごく大ざっぱにいえば，「ある段階における事象が，その直前の事象に左右され，それ以前の事象には左右されないような状況を数学的に表現したもの」ということになろう．つまり，「未来は現在にのみ関係し，過去には関係しない」という場合である．

以上の問題をマトリックス思考で考えてみよう．まず，ウェール共和国にいる状態を1，スイター王国にいる状態を2とすると，この両国の

マトリックス思考事例 ②

人口推移は，図-2のようになる．

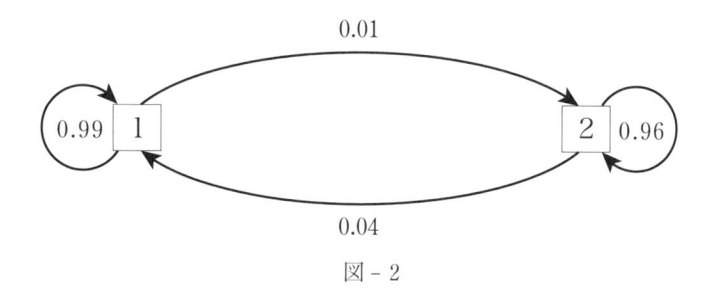

```
        0.01
   ┌─1──────→2─┐
0.99         0.96
   └─1←──────2─┘
        0.04
```

図-2

これを推移確率行列 P で表現すると次のようになる．

$$P = \begin{bmatrix} 0.99 & 0.01 \\ 0.04 & 0.96 \end{bmatrix}$$

このような推移確率で表現される確率過程をマルコフ連鎖という．さらにこの場合，正則マルコフ連鎖という．この正則マルコフ連鎖によると，ウェール共和国とスイター王国の最終人口比は最初の初期確率，すなわち，ウェール共和国とスイター王国の人口数に無関係に，ある一定比率 $t(t_1, t_2)$ に近づくのである．

すなわち

$$t \times p = T$$

となる．この例の場合

$$(t_1, t_2)\begin{pmatrix} 0.09 & 0.01 \\ 0.04 & 0.06 \end{pmatrix} = (T_1, T_2)$$

となる．つまり，

$$0.99t_1 + 0.01t_2 = T_1$$
$$0.04t_1 + 0.96t_2 = T_2$$

となる．さらに $t_1 + t_2 = 1$ であるから，上記の連立方程式の解は

$$t_1 = 0.8, \quad t_2 = 0.2$$

となる.

したがって，ウェール共和国とスイター王国の最終的な人口比率は，最初の人口数に関係なく，4：1に近づくのである．

マトリックス思考事例 ③

うわさの伝播とマルコフ連鎖

　歌手のA子が，人気絶頂のまま，俳優B君と結婚・引退したのは，3年前のことである．満都のファンに，永遠の愛を誓ったふたり……．以来，美しくも神聖不可侵なふたりの仲に水を差すような発言は，芸能界でもタブーになっていた．

　ところがである．最近になり，こともあろうに，「ふたりが離婚する」といううわさがチラホラささやかれ出したのだ．芸能人仲間のひとりからこのことを聞いたB君は，激しく怒った．そして，A子の手を取りこう言って嘆いたそうだ．「いったい誰が，こんなひどいウソをデッチあげたんだろう．そうだ，＜週刊ウワサ話＞のニッタにちがいない．『ふたりの仲があやしいといううわさがありますが』なんて，見えすいた誘導尋問をしやがって．ぼくは，はっきりと『ふたりは離婚しません』と言ってやったのに．ウン，そういえば，いかにも平気でウソをつきかねない顔をしていたっけ．だいたい芸能記者なんて，火のないところに煙をたてるのが商売なんだ．

　でも，誰がなんていおうと，ふたりの愛は不滅だものね．そうだろうA子……」

　ふたりの離婚説を大っぴらに人前で語るのがタブーだとすれば，このうわさは，記者から記者へひそかに伝わったと思われる．とすると，B君の言うとおり，やはりあのニッタ記者がうわさの元凶なのだろうか．あるいは，芸能記者のすべてが，平気でウソをつく悪者なのだろうか．

はてさて，犯人はいったい誰なのだろう．

　B君の怒りはもっともだが，彼のように，ニッタ記者をはじめ芸能記者全体をウソつきときめつけるのはあんまりであろう．人間，根っからのウソつきなんて，そうそういないものである．たとえ，ニッタさんがウソをつかなくても，すべての芸能記者が，人並みの良心をもっていたとしても，やはり「ふたりは離婚する」といううわさは広まるべき運命にあったのである．

　ウソがいかにしてマコトを駆逐するか，そのメカニズムは以下のとおりである．

　この雑誌をお読みになっているあなたは，たぶん，マジメで正直な人たちがいない．100％までいかなくても，80％から90％のマジメさには自信をもっているだろう．

　たとえば，あるうわさを人から聞いたとき，ほとんどの場合，正確に，聞いたとおりを他人に伝えようとするだろう．しかし，うわさの内容によっては，べつに実害があるわけじゃなく，話をおもしろくしてやろう，などとついイタズラ心を起こすことがないとはいえまい．10回そういうチャンスがあったら，そのうち1回くらいは，そんな気持ちになっても不思議はないはずだ．「私の場合，絶対にそんなことはない．」と言いきる人は，よほどの聖人君子か，さもなくば，かなりのウソつきである．

　芸能記者の場合は，商売柄，スキャンダルを作りたくてウズウズしているわけだから，このように意図的にニセの情報を他人に伝えるパーセンテージは，少し高く見積もっていい．そこで，「B君とA子は離婚しない」と聞いた記者が，つぎの記者に「あのふたりは離婚しない」とそのまま正直に伝える確率を80％，「あのふたりは離婚する」と虚偽の情報を伝える確率を20％としてみよう．

さらに,「あのふたりは離婚する」とそのまま伝える確率を 90 %,「ふたりは離婚しない」とウソ (実際は真実だが, この人にとってはウソをついていることになる) を伝える確立を 10 % とする. こちらのほうがウソをつく率が低いのは, そのまま正直に伝えるほうがおもしろいからである. 人間の性として, 悪いうわさのほうが伝わりやすいのだ. 人の不幸を喜ぶという, 悲しい人間の性は, いかんともしがたいからである.

さて, B 君がニッタ記者の質問に「離婚はしません」と答えて以来, これが 2 人目, 3 人目, ・・・と伝わっていったとして, 最終的には, 記者たちの何割が真実を伝え, 何割が虚偽を伝えただろうか.
途中の人は, まえの人の情報をもとに判断するしかない. したがって, その人がつぎの人に伝える情報の真偽じたいは, その人の良心 (あるいは悪意) とは直接対応しないことは, いうまでもなかろう.

直前の現象にのみ左右されて, それ以前の現象とは無関係であるという意味で, これもまたマルコフ連鎖の問題である. ところで, まず, ひとり目の記者では,「離婚しない」と伝える確率は 0.8,「離婚する」が 0.2 であったが, ふたり目では, その比率は 0.66 と 0.34 になる. こうして 10 人目になると,「離婚しない」が 0.35,「離婚する」が 0.65 で,「離婚しない」よりも「離婚する」とうわさする確率のほうが高くなってしまうのである.

このようにして, うわさが口から口へ伝わっていき, 長い時間がたつと, 最終的には, 芸能記者たちの 1/3 が「離婚しない」といい, 2/3 が「離婚する」という結果になる.

B 君は「離婚しない」と断言した. それが, いつのまにか, 1 対 2 で離婚のうわさをする人のほうが多くなってしまった. 芸能記者たちが, 善良な市民なみに, 80 % の良心をもっていると仮定しても, こうなってしまうのである.

なお, うわさが伝わりはじめてから十分時間が経過したあとでは, そ

のつぎの人に「離婚する」あるいは「離婚しない」と伝える確率は 2/3 と，1/3 つまり 2 対 1 の比率におさまる．

人の心にひそむ「悪」は圧倒的少数派であるにもかかわらず，その力は絶大である．彼らは長い時間をかけて力をたくわえ，ある日突然表舞台に現れるのである．

以上の問題をマトリックス思考で考えてみよう．まず，「結婚しない」といううわさの状態を 1，「離婚する」といううわさの状態を 2 とすると，この 2 つのうわさの状態間の推移は図 – 1 のようになる．

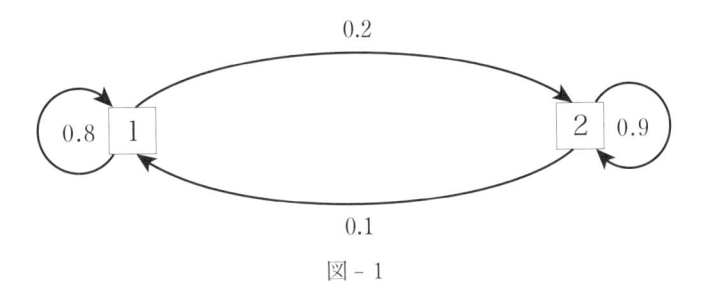

図 – 1

これを推移確率行列 P で表現すると次のようになる．

このような推移確率で表現される確率過程をマルコフ連鎖という．さらに，この場合正則マルコフ連鎖という．この正則マルコフ連鎖によると，「離婚しない」と「離婚する」のうわさの最終比率は，最初の初期確立に無関係に，ある一定比率 $t(t_1, t_2)$ に近づくのである．

すなわち
$$t \times p = t$$
となる．この例の場合，

$$(t_1, t_2)\begin{pmatrix} 0.8 & 0.2 \\ 0.1 & 0.9 \end{pmatrix} = (t_1, t_2)$$

となる．つまり

$$0.8t_1 + 0.2t_2 = t_1$$
$$0.1t_1 + 0.9t_2 = t_2$$

となる．さらに $t_1 + t_2 = 1$ であるから，上記の連立方程式の解は，

$$t_1 = 1/3, \quad t_2 = 2/3$$

となる．

したがって，「離婚しない」と「離婚する」のうわさの最終的確率は，最初の状態の確率に関係なく，1：2に近づくのである．

マトリックス思考事例④

巨大迷路と吸収マルコフ連鎖

　私が若い父親だった頃，休日に，子供たちにせがまれてよく迷路に行ったものである．その当時はやりの巨大迷路というやつだ．行ってみるとここの迷路は図-1に示したようなレイアウトになっていた．(Ⅵ)地点から出発して(Ⅰ)地点がゴールである．何分かかるか，競い合っている家族もいたが，私たち親子は，のんびり楽しむことにした．

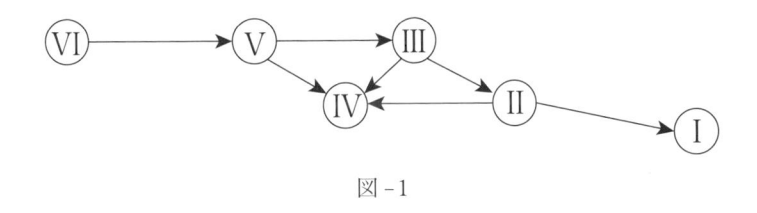

図-1

　ところで，先ほどの迷路で，(Ⅵ)地点から1時間に100人の客が出発し，到着地(Ⅰ)地点に到着するものとする．ただし，分岐点(Ⅲ)，(Ⅱ)地点において，それぞれ，1/4, 1/3 の確率で，直進((Ⅲ)→(Ⅱ)，(Ⅱ)→(Ⅰ))するものとする．このとき，おのおのの道に，1時間あたり，何人ぐらいの客が通過するか，考えてみようというものである．

　これは，確率過程におけるマルコフ連鎖の概念を使うとすぐに求められる．この概念は，ソ連の数学者マルコフが，プーシキンの詩「オネーギン」の中の母音と子音の分布状態を調べているときに，偶然に発見し

たといわれている．「マルコフ連鎖」を数学的用語を用いずに説明するのは難しいが，ごく大ざっぱにいえば「ある段階における事象が，直前の事象に左右され，それ以前の事象には左右されないような状況を数学的に表現したもの」ということになろう．つまり，「未来は現在にのみ関係し，過去には影響されない」という場合である．

図-1に示した迷路も典型的な「マルコフ連鎖」である．次にどの地点に行くかは，現在の地点にのみ左右され，その前の地点とは無関係であるからだ．しかも，（Ⅰ）地点に行くとゴールで，迷路は終了するので，吸収源(Ⅰ地点)を有する．

すなわち，この例は，起こりうる状態 {（Ⅰ），（Ⅱ），（Ⅲ），（Ⅳ），（Ⅴ），（Ⅵ）} が6つあり，その中で吸収源が1つ，他の状態が5つある吸収マルコフ連鎖である．

以上の問題をマトリックス思考で考えてみよう．すると，一般的に定常な吸収マルコフ連鎖の推移確率行は次のように表される．

$$P = \begin{matrix} \\ r\text{個} \\ s\text{個} \end{matrix} \begin{matrix} r\text{個} & s\text{個} \\ \left(\begin{array}{c|c} 1 & O \\ \hline T & Q \end{array} \right) & \end{matrix}$$

さて，この例の場合，吸収状態は1つしかないから，Ⅰ行列は1である．また，非吸収状態Sは5個だからQは5×5の行列となる．したがって，推移確率行列のPは，次に示すような形となる．

$$P = \begin{matrix} \\ r=1 \\ s=5 \end{matrix} \begin{matrix} r=1 & s=5 \\ \left(\begin{array}{c|c} 1 & O \\ \hline T & Q \end{array} \right) & \end{matrix}$$

このような推移確率行列Pのなかで，特に非吸収状態間の推移確率行列Q (5×5の行列)に注目する．このQに対して，

$$1 + Q + Q^2 + \cdots\cdots = (I-Q)^{-1}$$

なる関係が成り立つ．この式の右辺 $(I-Q)^{-1}$ は，吸収マルコフ連鎖の基本行列と呼ばれる．ところで，この基本行列には，次のような特性

がある．つまり，基本行列 i, j の要素は，i 状態を出発し，まわりまわって j 状態を通過する回数の期待値を表しているというものである．

ところで，この例の場合，(VI)地点から 1 時間に 100 人の人が出発するので，この $(I-Q)^{-1}$ を計算し（結果も 5×5 の行列），その (VI) 行 (5 行目) に注目する．すなわち，この行の要素は，(VI) 地点を出発した 1 人の人が地点を通過する回数の期待値を表しているからである．

この場合，(III),(II) 両地点での分岐確率は，$1/4, 1/3$ であるから，推移確率行列 P は，

$$P = \begin{array}{c} \\ \text{I} \\ \text{II} \\ \text{III} \\ \text{IV} \\ \text{V} \\ \text{VI} \end{array} \begin{array}{c} \begin{array}{cccccc} \text{I} & \text{II} & \text{III} & \text{IV} & \text{V} & \text{VI} \end{array} \\ \left[\begin{array}{cccccc} 1 & 0 & 0 & 0 & 0 & 0 \\ 1/3 & 0 & 0 & 2/3 & 0 & 0 \\ 0 & 1/4 & 0 & 3/4 & 0 & 0 \\ 0 & 0 & 0 & 0 & 1 & 0 \\ 0 & 0 & 1 & 0 & 0 & 0 \\ 0 & 0 & 0 & 0 & 1 & 0 \end{array} \right] \end{array}$$

のようになる．

したがって，非吸収状態の推移確率行列 Q は，

$$Q = \begin{array}{c} \\ \text{II} \\ \text{III} \\ \text{IV} \\ \text{V} \\ \text{VI} \end{array} \begin{array}{c} \begin{array}{ccccc} \text{II} & \text{III} & \text{IV} & \text{V} & \text{VI} \end{array} \\ \left[\begin{array}{ccccc} 0 & 0 & 2/3 & 0 & 0 \\ 1/4 & 0 & 3/4 & 0 & 0 \\ 0 & 0 & 0 & 1 & 0 \\ 0 & 1 & 0 & 0 & 0 \\ 0 & 0 & 0 & 1 & 0 \end{array} \right] \end{array}$$

のようになる．

したがって，$(I-Q)$ は，

マトリックス思考事例 ④

$$(I-Q) = \begin{array}{c} \\ \text{II} \\ \text{III} \\ \text{IV} \\ \text{V} \\ \text{VI} \end{array} \begin{array}{c} \text{II} \quad \text{III} \quad \text{IV} \quad \text{V} \quad \text{VI} \\ \begin{bmatrix} 1 & 0 & -2/3 & 0 & 0 \\ 1/4 & 1 & -3/4 & 0 & 0 \\ 0 & 0 & 1 & -1 & 0 \\ 0 & -1 & 0 & 1 & 0 \\ 0 & 0 & 0 & -1 & 1 \end{bmatrix} \end{array}$$

のようになる．また，$(I-Q)$ の逆行列は，

$$(I-Q)^{-1} = \begin{array}{c} \\ \text{II} \\ \text{III} \\ \text{IV} \\ \text{V} \\ \text{VI} \end{array} \begin{array}{c} \text{II} \quad \text{III} \quad \text{IV} \quad \text{V} \quad \text{VI} \\ \begin{bmatrix} 3 & 8 & 8 & 8 & 0 \\ 3 & 12 & 11 & 11 & 0 \\ 3 & 12 & 12 & 12 & 0 \\ 3 & 12 & 11 & 12 & 11 \\ \boxed{3 \quad 12 \quad 11 \quad 12 \quad 1} \end{bmatrix} \end{array}$$

のようになる．この式の(Ⅵ)行に注目する．すると，(Ⅵ)地点を100人の人が出発するのであるから各地点(Ⅱ, Ⅲ, Ⅳ, Ⅴ, Ⅵ)を通過する回数の期待値は(300, 1200, 1100, 1200, 100)となる．そして，この巨大迷路の各道に配分すると図-2に示すとおりとなる．

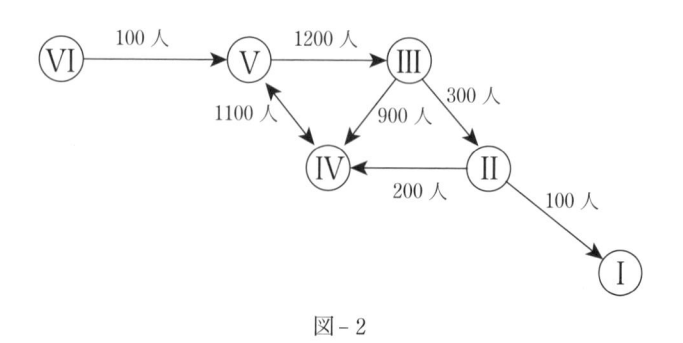

図-2

マトリックス思考事例⑤

週末の遊びと線形計画法

　テニスとマージャンの大好きな人がいる．週末になると，いつも迷うのだ．土曜日はフルにマージャンをやって，日曜日はテニスにするか，それとも，マージャンは土曜日の午後だけにして，テニスの時間を増やすか…．それに，費用のことも考えなければ…．

　この人の場合，ややテニスの方が好きの度合いが強いということで，マージャンをしたときの満足度を「5」，テニスをして得られる満足度を「6」としよう．マージャンにしろテニスにしろ，あまり小刻みにやっても興がのらないので，1回につき，マージャンが4時間，テニスは2時間，その費用は，それぞれ2千円，4千円とする．また総費用は2万円，週末の余暇時間は16時間である（表-1参照）．

　では，最小の費用で，最大の満足を得るには，この人は，マージャンとテニスをそれぞれ何回ずつやったらいいだろうか？

表-1

	時間	費用	満足度
マージャン	4(時間)	2(千円)	5
テニス	2(時間)	4(千円)	6

　そこで，この問題をマトリックス思考を使って解いてみよう．マージャン，テニスの回数をそれぞれ x, y 回するとして，そのときに得られる満足度の合計を z とすれば，

$$z = 5x + 6y \quad \Rightarrow \quad MAX$$

となる．このときの z を最大にすればよいのだが，余暇時間と費用にはそれぞれ次のような制約条件がある．

1) 余暇時間 16 時間以内
$$4x + 2y \leqq 16 \tag{1}$$

2) 総費用は 20(千円)以内
$$2x + 4y \leqq 20 \tag{2}$$

3) x, y はともに正かゼロの数
$$x \geqq 0, \quad y \geqq 0 \tag{3}$$

以上，3つの制約条件(1),(2),(3)を満足する点 (x, y) の存在範囲は，図 - 1 の斜線部分にあたる．

いま満足度を表す式
$$z = 5x + 6y$$
を考えると，この直線が図の斜線と共通点をもつ限りにおいて z が最大になるのは，この利益を表す直線が2直線

$$\left.\begin{array}{r} 4x + 2y = 16 \\ 2x + 4y = 20 \end{array}\right\}$$

図 - 1

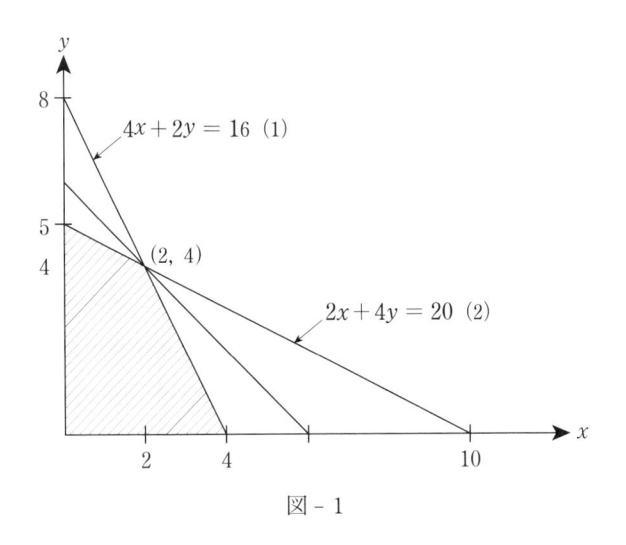

の交点 $(x=2, y=4)$ を通るときである．

したがって，最大の満足度は，マージャンを2回，テニスを4回するときであり，

$$z \;=\; 10 \;+\; 24 \;=\; 34$$
$$\vdots \qquad \vdots \qquad \vdots$$
マージャン　テニス　総満足度

となる．

以上で，私の友人の週末の余暇の過ごし方に関する問題は解決された．

ところで，このような問題は，マトリックス思考の内でも一般に線形計画法の問題と呼ばれ，経営のための数学の一分野としていろいろと研究され，経済・政治・社会のあらゆる方面にその威力を発揮している．また，実際に線形計画法が適用される場合には，変数が2つ3つどころではなく，100あるいはそれ以上の場合が多く，近年はコンピュータの発達により，それらの問題は早く正確に解けるようになってきた．ま

た，本問は，線形計画法主問題と呼ばれている．この手法は，典型的なマトリックス思考がそのベースに流れている．

マトリックス思考事例⑥

囚人のジレンマとゲーム理論

　芸能人のスキャンダルに異常な執念を燃やす雑誌(フォーカス)はついに大スターA君が女優B子のマンションから出てきたところをバッチリ撮ってしまった．ふたりが所属するプロダクションはことの重大さにあわて，ふたりを別々の場所で同様に記者会見することで，何とか事態を打開しようと画策した．

　すなわち，A君，B子の両人が，記者の質問攻めにどう答えるかによって，次のようなペナルティを科す，とおどしたのである．

① 両人とも事実を告白したら，双方を1年の出演停止処分とする．
② 両人とも事実を告白しなかったら，1ヶ月の出演停止処分ですませる．
③ ひとりが事実を告白したのに，他方が告白しなかった場合，告白した方はカワイゲがあるから処分なしだが，告白しなかった方は，イメージダウン抜群だから，芸能界から永久追放とする．

　さて，A君とB子のふたりは，記者団の質問にどう答えるだろうか．このふたりが本当に相思相愛の場合と，たんなる打算の火遊びの場合とに分けて答えていただきたい．なお当然のことながら，このふたりは相手がどのように答えるかは，知ることができない．

　これは，有名な「ゲーム理論」を逆用したものである．2つの国が戦争しているとか，会社と会社が企業競争している場合，双方がとる戦術には，いくつかの選択の余地があることが多い．そんなとき，双方とも自分が受けるであろう被害が，最小になるような方法を選ぶものだ，と

マトリックス思考事例 ⑥

いう理論だ．この理論にマトリックス思考をあてはめると以下のように記述できる．

たとえば，表-1を見ていただきたい．これは，A, B 2社が争ってい

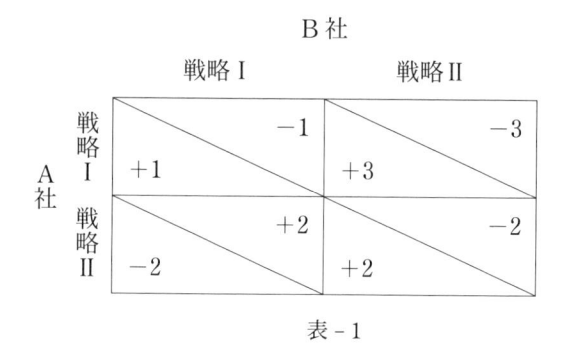

```
                    B社
              戦略Ⅰ      戦略Ⅱ
         ┌─────────┬─────────┐
       戦│       -1│       -3│
       略│         │         │
       Ⅰ│ +1      │ +3      │
   A   ├─────────┼─────────┤
   社  戦│       +2│       -2│
       略│         │         │
       Ⅱ│ -2      │ +2      │
         └─────────┴─────────┘
```

表-1

るものとして，A社側から見たプラスとマイナスの表である．つまり，A, B両社とも，Ⅰという戦略とⅡという戦略をとる道がある場合，A社がⅠを選んだとしよう．すると，もしB社が同じⅠの戦略でやってきたとき，A社はプラス1の利得，反対にB社はマイナス1の損害となる．また，A社が同じくⅠを選んだのに対してB社がⅡを選んだら，A社はプラス3，B社はマイナス3の得失となる．

では，A社がⅡの戦略をとったらどうなるか．この場合，もしB社がⅠの方法をとればA社はマイナス2，B社は逆のプラス2となり，B社がⅡの戦略をとれば，A社はプラス2，B社がマイナス2となるわけである．

このような場合，A社として最も望ましいのは，自分がⅠの戦略をとったときに，B社がⅡの戦略を選んでくれることだろう．利得が最大になるからである．しかし，B社とて，むざむざこの方法はとらない．なぜなら，A社がⅠ，Ⅱのどちらを選んでも，B社はマイナス3，マイナス2にしかならないからである．

そうなると，B社は必ずⅠを選ぶだろう．そうすると，A社のとるべ

き道もただ一つ，Iしかありえない．ここではじめて，A社はプラス1，B社はマイナス1の得失で双方納得！ということになるわけだ．

　これがミニ・マックス原理の一例だが，ここでは，どの方法を選ぶかを考える際に，双方とも相手を信用もしないし，あくまで利己主義に徹する，という原則がつらぬいている．

　その結果として，全体としてはうまくいくという，完全自由競争＝資本主義の論理が前提になっている．まちがっても，相手のためを思って何かをする，などということはありえない．

　ミニ・マックスの原理は，いわばこういう自己中心主義的発想から生まれたものだ．それはあたりまえの話で，戦争や企業間競争で利他主義におぼれていたら，敗者になること火を見るより明らかだ．

　ところが，この原理を冗談半分に愛情問題に当てはめてみたらどうなるか？　それが，この問題のミソである．はたしてA君，B子のふたりは，利己主義的に振舞えばいい結果が得られるだろうか．

　この状況におかれた両人は，次のように悩むであろう（表-2参照）．

		B君	
		事実を告白しない	事実を告白する
A君	事実を告白しない	1ヶ月の出演停止 / 1ヶ月の出演停止	今まで通り番組に出られる / 芸能界から追放
	事実を告白する	芸能界から追放 / 今まで通り番組に出られる	1年間の出演停止 / 1年間の出演停止

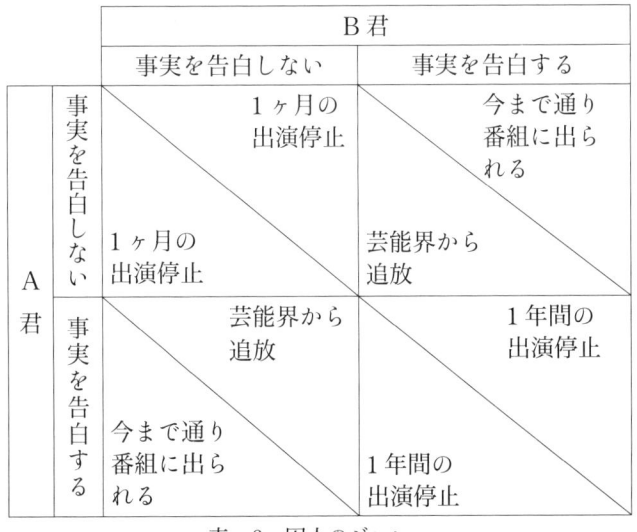

表-2　囚人のジレンマ

① 相手がもし事実を告白するとすれば，自分も告白しなければならい．なぜなら，自分も告白すれば1年の出演停止ですむが，相手が告白しているのに自分が知らんふりをきめこんだら，永久追放という最悪の事態になってしまう．
② もし相手が事実を告白しないとする．すると自分は事実を告白すれば，処分なしで救われる．
③ だからどっちにころんでも，自分は事実を告白すればよい．ところが，もし相手も自分と同じことを考えて事実を告白してしまえば，いやでも1年の出演停止をくらう．永久追放よりはましだが，1年も引っ込んだままでは，芸能人としては打撃が大きすぎる．
④ もし，相手もこちらの考え方を察知してくれれば，両方で事実を否認して，両方が1ヵ月の出演停止ですむ．これくらいなら，過去の芸能人のスキャンダルの例からみて，まあまあではないか．

ここに，ふたりの芸能人の悩みがある．つまり，自分だけ「いい子」になればいいやという考え方で両方が記者会見にのぞめば，両方が事実を告白して，1年間の出演停止という打撃を受けるが，自分は永久追放になっても，相手が処分なしであってくれればシアワセ！と思う利他主義に徹して事実を告白しなければ，両方とも1ヵ月の出演停止でめでたしめでたしとなる．プロダクションも助かる．

こうしてみると，ミニ・マックスの原理が，戦争や企業の競争においては，利他主義や隣人愛が致命傷となるのに，このような問題では，逆の場合も出てくることになる．やはり，愛は，地球を救えないかもしれないが，芸能人は救ってくれるものらしい．

ところで，ここで紹介したジレンマを「囚人のジレンマ」と呼んでいる．

マトリックス思考事例 ⑦

ゲーム理論における4つのジレンマ

　マトリックス思考⑧において，ゲーム理論における1つのジレンマ（囚人のジレンマ）を紹介したが「囚人のジレンマ」以外のジレンマの型はあるのだろうか？ゲーム理論におけるジレンマこそ，コンフリクトに満ちた現代社会を解く1つのキーワードになると思われる．

　以上のゲーム理論におけるジレンマは，まさにマトリックス思考により，記述できるのである．ところで，ゲーム理論におけるジレンマの型は「囚人のジレンマ」以外に3つある．それは弱者ゲーム（Jジレンマゲーム），リーダーゲーム（Lジレンマゲーム），夫婦ゲーム（Wジレンマゲーム）と呼ばれている．そこで，本稿の回答では，マトリックス思考事例⑥と同じ具体例（A君とB子の例）を使ってこれらの3つのジレンマゲームを順をおって紹介する．

(1) Jジレンマゲーム

		B子	
		事実を告白しない	事実を告白する
A君	事実を告白しない	1ヶ月の出演停止 / 1ヶ月の出演停止	処分なし / 1年間の出演停止
A君	事実を告白する	1年間の出演停止 / 処分なし	芸能界から追放 / 芸能界から追放

表-1 Jジレンマ

この型のゲームにおいては，A君，B君両人の利得は，次のように整理される (表-1).

① 両人とも内容を告白すれば，両人とも芸能界から追放される．
② 両人とも内容を告白しなければ，両人とも1か月の謹慎処分となる．
③ どちらか一人が内容を告白しないのにもう一方の一人が告白した場合，告白しなかった方は1年間の謹慎処分になるが，告白した方は処分なしとなる．

さて，A君，B君両人は，どのような戦略を立てるであろうか？ところで，この状況におかれた両人は，次のように悩むであろう．

① 相手がもし告白するとすれば，自分は告白を避けなければならない．

なぜなら，この場合，1年間の謹慎処分ですむが，相手が告白しているのに自分も告白すれば，芸能界からの追放という事態になってしまう．
② もし，相手が告白しないとする．すると，自分が告白すれば，処分なしとなり救われる．
③ したがって，相手が告白する場合と告白しない場合において，戦略が異なってくる．
④ しかし，相手が告白しようがしまいが，自分は告白しなければ「1年間の謹慎処分」という最低水準は確保される．すなわち，永久追放は回避できる．したがって，相手もこの考えを察知すれば，双方とも告白しなくて，「1か月の謹慎処分」が約束される．
⑤ このとき，もし片方が裏切った場合，裏切った方が処分なしとなる．しかし，双方とも裏切った場合，両人とも永久追放となる．ここに，両人のジレンマが発生する．それゆえ，このゲームは弱者ゲームと呼ばれる．

(2) Lジレンマゲーム

さて，この型のゲームにおいては，A君，B君両人の利得は，次のように整理される(表-2)．

① 両人とも内容を告白すれば，両人とも芸能界から追放される．
② 両人とも内容を告白しなければ，両人とも1年間の謹慎処分となる．
③ どちらか1人が内容を告白しないのにもう一方の1人が告白した場合，告白しなかった方は1か月の謹慎処分になるが，告白した方は処分なしとなる．

マトリックス思考事例 ⑦

	B子	
	事実を告白しない	事実を告白する
A君　事実を告白しない	1年間の謹慎処分 / 1年間の謹慎処分	処分なし / 1ヶ月の謹慎処分
A君　事実を告白する	1ヶ月の謹慎処分 / 処分なし	芸能界から追放 / 芸能界から追放

表-2　Lジレンマ

　さて, A君, B君両人は, どのような戦略をたてるであろうか？ところで, この状況におかれた両人は, 次のように悩むであろう.

① 相手がもし告白するとすれば, 自分は告白を避けなければならない. なぜなら, この場合, 1か月の謹慎処分ですむが, 相手が告白しているのに自分も告白すれば, 芸能界からの追放という事態になってしまう.
② もし, 相手が告白しないとする. すると, 自分は告白すれば, 処分なしとなり救われる.
③ したがって, 相手が告白する場合と告白しない場合において, 戦略が異なってくる.
④ しかし, 相手が告白しようがしまいが, 自分は告白しなければ,「1年間の謹慎処分」という最低水準は保証される. すなわち, 追放は回避できる. したがって, 相手もこの考えを察知すれば, 双方とも告白しなくて,「1年間の処分」が約束される.

⑤ ところで，表—2をよくみると，このゲームにおいては，双方の戦略が異なった場合，同じ戦略の場合より，すべてよい状態が保証される．しかも，告白した人(主)が告白しない人(従)より1レベルよい状態となる．したがって，リーダーの人が告白すれば他方の一人は，告白しなければよいことになる．それゆえ，このゲームはリーダーゲームと呼ばれる．

(3) Wジレンマゲーム

さて，この型のゲームにおいては，A君，B君両人の利得は，次のように整理される(表—3)．

① 両人とも内容を告白すれば，両人とも芸能界から追放される．
② 両人とも内容を告白しなければ，両人とも1年間の謹慎処分となる．

		B子	
		事実を告白しない	事実を告白する
A君	事実を告白しない	1年間の謹慎処分 / 1年間の謹慎処分	1ヶ月の謹慎処分 / 処分なし
	事実を告白する	処分なし / 1ヶ月の謹慎処分	芸能界から追放 / 芸能界から追放

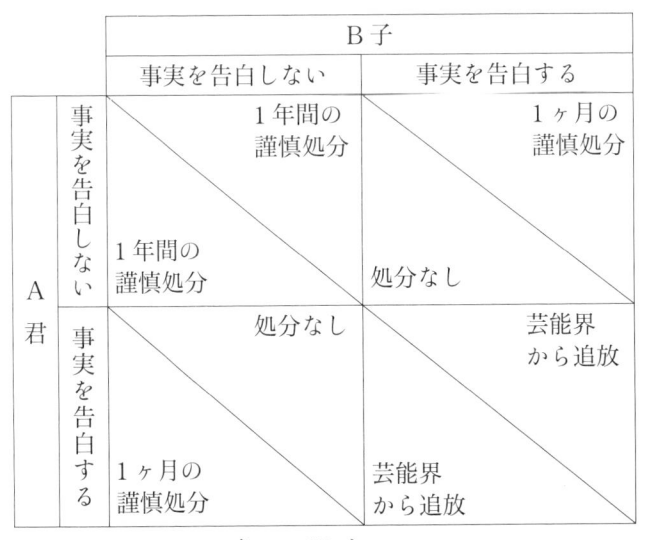

表-3 Wジレンマ

マトリックス思考事例 ⑦

　以上，①，②はLジレンマゲームと同じである．
③ どちらか1人が内容を告白しないのにもう一方の1人が告白した場合，告白しなかった方は処分なしになるが，告白した方は1ヶ月の謹慎処分となる．
さて，A君，B君両人は，どのような戦略を立てるであろうか？ ところで，この状況におかれた両人は，次のように悩むのであろう．
① 相手がもし告白すれば，自分は告白を避けなければならない．なぜなら，この場合，処分なしとなるが，相手が告白しているのに自分も告白すれば，芸能界から永久追放という事態になってしまう．
② もし，相手が告白しないとする．すると，自分は告白すれば，1ヶ月の謹慎処分となり一応救われる．
③ したがって，相手が告白する場合と告白しない場合において，戦略が異なってくる．
④ しかし，相手が告白しようがしまいが，自分は告白しなければ「1年間の謹慎処分」という最低基準は保障される．すなわち，永久処分は回避できる．したがって，相手もこの考えを察知すれば，双方とも告白しなくて，「1年間の謹慎処分」が約束される．
⑤ ところで，表—3をよく見ると，このゲームにおいては，双方の戦略が異なった場合の方が同じ戦略の場合より，すべてよい状態が保障される．しかも告白した人(主人)より告白しない人(奥さん)のほうが1レベルよい状態となる．したがって，主人が告白すれば，従属の人(奥さん)は告白しなければ，最高の状態が約束されることになる．それゆえ，このゲームは夫婦(Wジレンマ)ゲームと呼ばれる．

マトリックス思考事例 ⑧

AHP の誤謬

　人が，人生を歩んでいくことは，それ自体大変な重荷である．この変動の大きな，かつ，価値観の多様な社会を生き抜くためには，豊富な情報量，冷静な分析力，機敏な行動力，ゆるぎない自信がなければならない．そして，ベストの意思決定を行うことにより，成功へのパスポートを手にすることができる．このような意思決定においては，多くの代替案の中からいくつかの評価基準に基づいて，一つあるいは複数の代替案を選ぶという場合が多い．考えてみれば，人の一生は選択行動の積み重ねであり，一種の意思決定の集合ともいえよう．

　ところで，本例では，AHP 手法により，ある会社の次期社長候補の選択問題を解決することにする．

　ところで，AHP 手法とは，次に示す3段階から成り立つものである．

第1段階（問題の階層化）

　たとえば，ある会社の次期社長候補に，A, B, C の3氏が浮上したとする．そして評価基準は，a（先見性），b（決断力），c（指導力）の3要素が選ばれた．このとき，この問題（次期社長の選定）に関する階層構造は図-1のようになる．

第2段階（要素の一対比較）

　各レベルの要素間の重み付けを行う．つまり，あるレベルにおける要

素間の一対比較を，一つ上のレベルにある関係要素を評価基準にして行う．

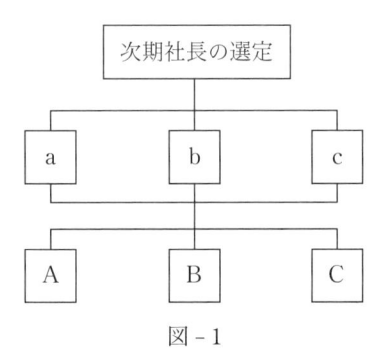

```
        次期社長の選定
       /      |      \
      a       b       c
              |
       /      |      \
      A       B       C
```

図-1

そこで，レベル2の3つの評価基準(前述のa, b, c)が相対的にどれだけ次期社長の選定に影響しているかを，経験とカンで判断する．それには，これら3つの基準のうちの2つづつを比べて，表-1のようにまとめる．この場合，同じくらい重要なので，「1」という数が入る．

	a	b	c
a	1	1	1
b	1	1	1
c	1	1	1

表-1

a(先見性)

	A	B	C
A	1	1/9	1
B	9	1	9
C	1	1/9	1

b(決断力)

	A	B	C
A	1	9	9
B	1/9	1	1
C	1/9	1	1

c(指導力)

	A	B	C
A	1	8/9	8
B	9/8	1	9
C	1/8	1/9	1

表-2

次に，レベル3に示した3人の候補者を，1つ上のレベルの要素(評

価基準)の各々について比較する．その結果は，表—2に示すようになる．たとえば，先見性に関してB氏はC氏に比べて極めて優れている(重要である)と判断したので，aのマトリックス(行列)の2行3列は「9」となる．一方，決断力に関してA氏は，B氏に比べて極めて優れていると判断したので，bのマトリックスの1行2列は「9」となる．以下，同様にして，3つの表を作成した．

第3段階（優先度の計算）

以上のようにして得られた各レベルのペア比較マトリックス(既知)から，各レベルの要素間の重み(未知)を計算する．これには，線形代数の固有値の考え方を使う．このようにして，各レベルの要素間の重み付けが計算されると，この結果を用いて階層全体の重み付けを行う．これにより，総合目的に対する各代替案の優先順位が決定する．

まず，この例におけるレベル2の3つの評価基準の重みは，

$$(1/3,\ 1/3,\ 1/3)$$

となる．

次に，レベル3の各候補者のレベル2の各評価基準に関する重みを求める．それらは，次のようになる．

a(先見性)：$(1/11,\ 9/11,\ 1/11)$
b(決断力)：$(9/11,\ 1/11,\ 1/11)$
c(指導力)：$(8/18,\ 9/18,\ 1/18)$

最後に，それらをまとめて，A, B, C, 3氏の総合評価は，次に示すようになる．

$$X = \begin{matrix} A \\ B \\ C \end{matrix} \begin{pmatrix} \overset{a}{1/11} & \overset{b}{9/11} & \overset{c}{8/18} \\ 9/11 & 1/11 & 9/18 \\ 1/11 & 1/18 & 1/18 \end{pmatrix} \begin{pmatrix} 1/3 \\ 1/3 \\ 1/3 \end{pmatrix} = \begin{matrix} A \\ B \\ C \end{matrix} \begin{pmatrix} 0.45 \\ 0.47 \\ 0.08 \end{pmatrix}$$

マトリックス思考事例 ⑧

したがって，B氏が次期社長になることが，望ましいと思われる．

ところで，ここに新たに，D氏も候補者の一人として浮上してきた．そこで，D氏も加えた4氏による評価をすることになった．ただし，3つの評価基準の重み（1/3，1/3，1/3），並びに各評価基準に関する3氏（A，B，C）のペア比較の値は変えないとする．その結果，3つの評価基準に関する4氏のペア比較行列は，表-3に示すようになった．したがって，各評価基準に対する4人の重みは，次のようになる．

a(先見性)

	A	B	C	D
A	1	1/9	1	1/9
B	9	1	9	1
C	1	1/9	1	1/9
D	9	1	9	1

b(決断力)

	A	B	C	D
A	1	9	9	9
B	1/9	1	1	1
C	1/9	1	1	1
D	1/9	1	1	1

c(指導力)

	A	B	C	D
A	1	8/9	8	8/9
B	9/8	1	9	1
C	1/8	1/9	1	1/9
D	9/8	1	9	1

表-3

a(先見性)：(1/11, 9/11, 1/11)
b(決断力)：(9/11, 1/11, 1/11)
c(指導力)：(8/18, 9/18, 1/18)

最後に，それらをまとめて，A，B，C，D 4氏の総合評価は，次に示すようになる．

$$X = \begin{matrix} & a & b & c \\ A \\ B \\ C \\ D \end{matrix} \begin{pmatrix} 1/20 & 9/12 & 8/27 \\ 9/20 & 1/12 & 9/27 \\ 1/20 & 1/12 & 1/27 \\ 9/20 & 1/12 & 9/27 \end{pmatrix} \begin{pmatrix} 1/3 \\ 1/3 \\ 1/3 \end{pmatrix} = \begin{matrix} A \\ B \\ C \\ D \end{matrix} \begin{pmatrix} 0.37 \\ 0.29 \\ 0.06 \\ 0.29 \end{pmatrix}$$

その結果，A氏が次期社長になることが望ましいと思われる．

しかし，この結果は，実にパラドックスに満ちている．というのは，

新たにD氏を加えることにより，いままでの3氏の中で，A・B両氏の評価が逆転するからである．しかも，A, B, C3氏の評価に関するペア比較行列の値は，D氏が加わっても変わっていないのであるから．何故であろうか？

　実は，この順位逆転現象は，ベルトンとゲアによって指摘されたものであるが，提唱者サーティは，この種の逆転は受け入れられると反論している．なぜなら，追加された代替案（この例ではD氏）が，今までの代替案のコピーならば，その代替案の重みが下がることが明らかにされたからである．表-3をよく見ると，D氏はB氏のコピーであることがわかる．たとえ同一人物でなくとも，各々の評価基準に対して同じ評価を受ける人である．このようにコピーが入れば入るほど，該当する代替案の重みは下がる一方である．そのため，追加された代替案がいままでの代替案のコピーの場合，次のような計算を行う（表-4参照）

	a	b	c	計
A	$1/11 \times 1/3$	$9/11 \times 1/3$	$8/18 \times 1/3$	$\dfrac{1/33+9/33+8/54}{1.4697} = 0.30699$
B	$9/11 \times 1/3$	$1/11 \times 1/3$	$9/18 \times 1/3$	0.31959
C	$1/11 \times 1/3$	$1/11 \times 1/3$	$1/18 \times 1/3$	0.05384
D	$9/11 \times 1/3$	$1/11 \times 1/3$	$9/18 \times 1/3$	0.31959
計	$20/33 = 0.6061$	$12/33 = 0.3636$	$1/2 = 0.5$	1.4697

表-4

　すなわち，A, B, C, 3氏のペア比較行列をベースにして，各評価基準に関する3氏の重みを求める．ところで，D氏はB氏のコピーであるから，各評価基準ともその評価はB氏と同一である．また，各評価基準の重みは，a, b, cともであるから，それをかける．次に，a, b, cの列を合計すると，それぞれとなり，その合計は，である．

　一方，A, B, C, Dの行をそれぞれ合計し，正規化（各候補者の重みの

マトリックス思考事例 ⑧

合計を 1.0 にする)のため,で割る. その結果は, A(0.307) B(0.3195) C(0.054) D(0.3195) となる.

したがって,
$$B = D > A > C$$
の順に評価され,順位逆転現象は起こらない.

さて,この会社では,B 氏と D 氏が最も優れていることがわかり,B 氏が社長,D 氏が副社長になり,2 人の連立政権が誕生したのであった.

このように,AHP は誤謬に満ちたものであることがわかる.

マトリックス思考事例 ⑨

支配型 AHP の正当性

　Saatyによって提案された，これまでの AHP は各評価基準の重みを導出する際，総合目的から一意に決定されている．しかし，実際の意思決定の場においては，特定の代替案を念頭において，意思決定者が評価しやすいように評価基準の重みを決めていくアプローチも存在する．つまり，特定の代替案を基準として，その基準とほかの代替案との比較によって意思決定をしようとする場合もあるということである．このような状況下での意思決定において最も有用的な手法が，**支配代替案法（支配型 AHP）**である．

　支配型 AHP を提案した木下と中西は，評価基準の重みを規制する機能をもった代替案のことを「**規制代替案**」と呼んでおり，支配型 AHP において評価基準の重みは，それぞれの規制代替案によって異なる分布をし，その分布は意思決定者の主観や勘によって選ばれた規制代替案によって，一意的に決定されるものとした．すなわち，意思決定者が決めた規制代替案以外の規制代替案に関する各評価基準の重みは，規制代替案に関する各評価基準の評価に，完全に服従するものであるとしている．このとき，支配力をもつ規制代替案を「**支配代替案**」，支配代替案に服従する規制代替案を「**服従代替案**」と呼び，服従代替案の評価基準の重みは，支配代替案の各評価基準の重みから自動的に導出される．また，支配代替案は各評価基準の重み分布だけでなく，総合評価値までをも支配しており，どの代替案が支配代替案になろうとも，代替

マトリックス思考事例 ⑨

案の総合評価値は同一となる．

支配型 AHP を説明するために，図 – 1 に示した階層図を用いる．このとき，3 つある代替案の中から，「A 市」を支配代替案とし，評価を行いたい．

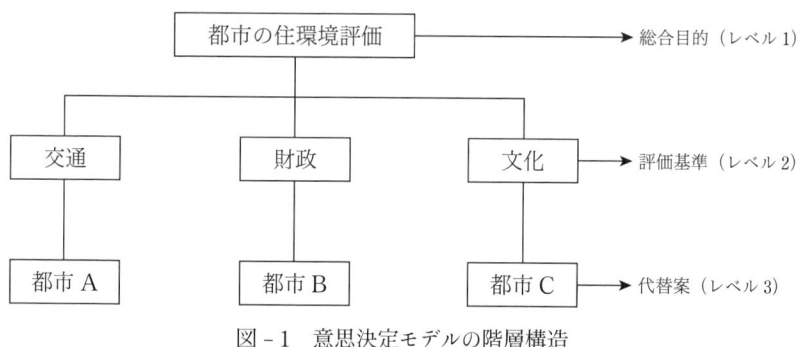

```
                都市の住環境評価                → 総合目的（レベル1）
                      │
        ┌─────────────┼─────────────┐
       交通           財政           文化        → 評価基準（レベル2）
        │             │             │
      都市 A        都市 B         都市 C       → 代替案（レベル3）
```

図 – 1　意思決定モデルの階層構造

支配代替案法では最初に，支配代替案（A 市）から見た，各評価基準の一対比較により，重みを導出する必要がある．この一対比較を表 – 1 とする．

表 – 1 より，支配代替案である A 市が規制する各評価基準の重みは，交通(0.582)，財政(0.309)，文化(0.109) となる．

次に各評価基準から見た代替案の一対比較を行う．このとき，評価値は支配代替案である A 市を 1 に基準化する．この一対比較を表—2 とする．

表 – 2 では，例えば 2 行 1 列の評価基準「交通」から見た「B 市」の評価は，支配代替案である A 市の 0.6 倍であるということを示しており，3 行 3 列の「文化」から見た「C 市」の評価は，支配代替案である A 市の評価に比べて 1.2 倍であるということを示している．

表 - 1 支配代替案から見た各評価基準の一対比較

A市	交通	財政	文化	重み
交通	1	2	5	0.582
財政	1/2	1	3	0.309
文化	1/5	1/3	1	0.109

C. I.$= 0.002$

表 - 2 支配代替案と他の代替案との一対比較

	交通 0.582	財政 0.309	文化 0.109	総合評価 E_1
A市	1	1	1	1
B市	0.6	2	1.5	1.130
C市	0.4	0.5	1.2	0.519

表 - 3 服従代替案(B市)を基準とした各代替案の評価値

	交通 0.313	財政 0.540	文化 0.147	総合評価 E_2
A市	1.667	0.5	0.667	0.890
B市	1	1	1	1
C市	0.667	0.25	0.8	0.462

また，表 - 2における，総合評価値の導出式は式(1)〜(3)のとおりである．

$$E_1(\text{A市}) = 1 \times 0.582 + 1 \times 0.309 + 1 \times 0.109 = 1 \tag{1}$$

$$E_1(\text{B市}) = 0.6 \times 0.582 + 2 \times 0.309 + 1.5 \times 0.109 = 1.130 \tag{2}$$

$$E_1(\text{C市}) = 0.4 \times 0.582 + 0.5 \times 0.309 + 1.2 \times 0.109 = 0.519 \tag{3}$$

次に，服従代替案である，「B市」と「C市」が規制する評価基準の重みを導出する．このとき，支配代替案である「A市」から見た評価基準の重みは既知であり式(4)に示す．

交通(A市)/ 財政 (B市)/ 文化 (A市) $= 0.582/0.309/0.109$ \quad (4)

ここで，支配代替案である「A市」と服従代替案である「B市」がそれぞれ規制する評価基準の重みの比は，各評価基準から見た「A市」と「B

「市」の比を同一とする．このため，式(5)〜(7)も既知である．

$$B市(交通)/A市(交通) = 0.6/1 = x \tag{5}$$
$$B市(財政)/A市(財政) = 2/1 = y \tag{6}$$
$$B市(文化)/A市(文化) = 1.5/1 = z \tag{7}$$

すると，式(5)〜(7)から服従代替案「B市」の評価基準の重みの比は(8)〜(10)のようになる．

$$交通(B市) = x \times 交通(A市) = 0.6 \times 0.582 = 0.349 \tag{8}$$
$$財政(B市) = y \times 財政(A市) = 2 \times 0.309 = 0.602 \tag{9}$$
$$文化(B市) = z \times 文化(A市) = 1.5 \times 0.109 = 0.164 \tag{10}$$

表-4 服従代替案(C市)を基準とした各代替案の評価値

	交通 0.449	財政 0.229	文化 0.252	総合評価 E_3
A市	2.5	2	0.833	1.931
B市	1.5	4	1.25	2.185
C市	1	1	1	1

式(8)〜(10)の(0.349, 0.602, 0.164)を和が1になるように正規化すると，

交通(B市), 財政(B市), 文化(B市) = (0.313, 0.540, 0.147) (11)

となり，B市から見た各評価基準の重みが決定できる．

この評価基準を用いて，各代替案の一対比較を行った結果が，表-3である．

E_2 は式(1)〜(3)と同様の式で導出ができ，計算結果を式(12)〜(14)に示す．

$$E_2(A市) = 1.667 \times 0.313 + 0.5 \times 0.540 + 0.667 \times 0.147 = 0.890 \tag{12}$$
$$E_2(B市) = 1 \times 0.313 + 1 \times 0.540 + 1 \times 0.147 = 1 \tag{13}$$
$$E_2(C市) = 0.667 \times 0.313 + 0.25 \times 0.540 + 0.8 \times 0.147 = 0.462 \tag{14}$$

同様に，服従代替案である「C市」を基準とした評価基準の重みを求めると，

$$交通(C市) = x \times 交通(A市) = 0.4 \times 0.582 = 0.233 \quad (15)$$
$$財政(C市) = y \times 財政(A市) = 0.5 \times 0.309 = 0.155 \quad (16)$$
$$文化(C市) = z \times 文化(A市) = 1.2 \times 0.109 = 0.131 \quad (17)$$

であり，式(15)～(17)の(0.233, 0.155, 0.131)を和が1になるように正規化すると，

$$交通(C市), 財政(C市), 文化(C市) = (0.449, 0.299, 0.252) \quad (18)$$

となるので，C市から見た各評価基準の重みが決定できる．

この評価基準を用いて，各代替案の一対比較を行った結果が表-4である．

E_3 も式(19)～(21)に示すように，同様に導出できる．

$$E_3(A市) = 2.5 \times 0.449 + 2 \times 0.299 + 0.833 \times 0.252 = 1.931 \quad (19)$$
$$E_3(B市) = 1.5 \times 0.449 + 4 \times 0.299 + 1.25 \times 0.252 = 2.185 \quad (20)$$
$$E_3(C市) = 1 \times 0.449 + 1 \times 0.299 + 1 \times 0.252 = 1 \quad (21)$$

最後に，E_1, E_2, E_3 の総合評価値をそれぞれ正規化すると，

$$E_1^T = (1.000, 1.130, 0.519) \to E_1^T = (0.378, 0.426, 0.196)$$
$$E_2^T = (0.890, 1.000, 0.462) \to E_2^T = (0,378, 0.426, 0.196)$$
$$E_3^T = (1.931, 2.185, 1.000) \to E_3^T = (0.378, 0.426, 0.196)$$

となり，すべての総合評価値において，

$$B市(0.426) > A市(0.378) > C市(0.196)$$

という順位が付き意思決定が可能となる．

また，支配型AHPにより，前回の例を計算すると，順位逆転現象は起こらない．すなわち，支配型AHPの正当性が証明されたことになる．

マトリックス思考事例⑩

意思決定基準

　大泉総理は，やっと念願の政界トップの座に登り上がった．思い返せば，過去二度の総裁選は力量不足もあり，惨敗であった．今度の総裁選は，三度目の正直に賭け，国民に「構造改革」を朋友「田中直子」と二人三脚で訴え続けた．政権与党「民政党」を自らの手で壊すとも豪語した．党内基盤の弱い大泉にとって，国民に直接語りかける戦術は大成功となり，地方からの声で大泉総理が誕生したのである．

　国会での総理の指名を受けた大泉は，これからのこの国のカジ取りは自分がやるのだ，と決意をあらたにした．しかし，同時に民政党の抵抗勢力である実力者達とうまくやっていく必要があった．むしろ，これらの実力者との調整が，この国の将来のためのビジョンを考える以上に大切なことも痛いほどわかっていた．

　さて，このようなとき，「聖域なき構造改革」(規制緩和，道路公団等の民営化・財政再建等々)の是非について白熱した議論が戦わされていた．

　ところで，この国の各政党は，本音として，「聖域なき構造改革」に対して種々の意見(温度差が存在している)がある．これらの多くの意見をまとめて合意形成にもっていくことは，多くの困難を伴うことは必至であった．

　さて，大泉総理は，どのような決断をするのであろうか？

　そこで，この問題を意思決定基準より考えてみることにする．まず，

この問題に対する意思決定策として，次の4つを挙げる．A案は，抵抗勢力の声を大切にして，「構造改革」はしないというもの．B案は，米国の声を多少取り入れて，少し「構造改革」をするというもの．C案は，世界の先進国の情勢を考慮して，かなり「構造改革」をするというもの．最後のD案は，思い切って完全に「構造改革」をするというものである．

　さて，これらの案の中で，どの案が最適であるかを考えてみよう．そのために，これらの案の満足度（数字が大きくなるほど，うまく事が運ぶ．すなわち，この国の安定度が大きくなる，と考えることができる）を客観的な数字であらわしたいのであるが，これらの満足度は，国内外の状況により大きく変化するものと思われる．そこで，シナリオとして，Ⅰ，Ⅱ，Ⅲ，Ⅳを考えた．シナリオⅠは，抵抗勢力の声が大きくなる状況を示しており，シナリオⅡは，諸外国の声が大きくなり日本が構造改革をせまられる状況を示している．一方，シナリオⅢは，国内の弱者（規制で守られている）が声高に叫ぶ状況を示しており，シナリオⅣは，Ⅰ，Ⅱ，Ⅲの折衷案である．それぞれの案に対する満足度を，それぞれのシナリオに応じて数字にあらわしてみた．その結果を表—1に示す．この表から，どの案が最適かを科学的に結論ずけていただきたい．どのようにすればよいのであろうか．

　このような意思決定問題を解く基準として，次の4つがある．その4つとは，ラプラスの基準，マキシミンの基準，フルビッツの基準，そしてミニマックスの基準である．これら4つの決定基準を説明して，それぞれの決定基準にしたがって，この例（構造改革の問題）を解くことにする．

マトリックス思考事例 ⑩

シナリオ 案	I	II	III	IV
A 構造改革はしない	40	40	50	20
B 少し構造改革する	35	35	35	35
C かなり構造改革する	30	60	30	20
D 完全に構造改革する	30	70	20	20

シナリオ I　抵抗勢力の声が大きくなる状況
シナリオ II　諸外国の声が大きくなり，日本が構造改革をせまられる状況
シナリオ III　国内の弱者(規制で守られている)が声高に叫ぶ状況
シナリオ IV　シナリオ I，II，III，IVの折衷案

表-1　満足度指数 W_{ij}

すなわち，以上の問題をマトリックス思考で解くことになる．

1. ラプラスの基準

ある案の満足度は，各シナリオに対する満足度の平均値であらわされる．

$$W_L(a_i) = \frac{1}{n}\sum_{j=1}^{m} W_{ij} \quad (i=1,\cdots,n \quad j=1,\cdots,m)$$

（ある案の満足度）　　　　　　　（案の数）　　（シナリオの数）

ラプラスの基準とは，この式において W_L (満足度)が最大になる案を選択することである．ただし，i は案の番号を，j はシナリオの状態番号をあらわしている．そして，

$a_1 = A$ 案　　$a_2 = B$ (案)　　$a_3 = C$ (案)　　$a_4 = D$ (案)

であり，

$j_1 = $ シナリオ I ，　$j_2 = $ シナリオ II ，
$j_3 = $ シナリオ III ，　$j_4 = $ シナリオ IV

をあらわしている($n=4$, $m=4$). さらに, W_{ij} は i 案の j シナリオに対する満足度をあらわしている.

このラプラスの基準は, 式からもわかるように, シナリオの生起確率を等確率として計算したものである. この基準を最大にする選択をするのであるが, この例では, 次のような計算結果になる.

$A(a_1)$　$W_L(a_1) = \frac{1}{4} \times 40 + \frac{1}{4} \times 40 + \frac{1}{4} \times 50 + \frac{1}{4} \times 20 = 37.5$

$B(a_2)$　$W_L(a_2) = \frac{1}{4} \times 35 + \frac{1}{4} \times 35 + \frac{1}{4} \times 35 + \frac{1}{4} \times 35 = 35.0$

$C(a_1)$　$W_L(a_3) = \frac{1}{4} \times 30 + \frac{1}{4} \times 60 + \frac{1}{4} \times 30 + \frac{1}{4} \times 20 = 35.0$

$D(a_1)$　$W_L(a_4) = \frac{1}{4} \times 30 + \frac{1}{4} \times 70 + \frac{1}{4} \times 20 + \frac{1}{4} \times 20 = 35.0$

したがって, A案(構造改革はしない)を選択することになる. これは, 大泉総理の考えに完全に反対である.

2. マキシミンの基準

ある案の満足度は, 各シナリオに対する満足度の最低の値とする.

$$W_w(a_1) = \min_j W_{ij} \quad (i = 1, \cdots, n \quad j = 1, \cdots, m)$$

(ある案の満足度)

マキシミンの基準とは, この式において, W_w(満足度)が最大になる案を選択することである. この基準は, 式からもわかるように, 最も悲観的立場に立った基準である. また, シナリオは, 選択した案に対してその結果が最悪となるような状態を出現させるという立場である. この例では,

$$A(a_1)\,W_w(a_1) = 20, \quad B(a_2)\,W_w(a_2) = 35$$
$$C(a_3)\,W_w(a_3) = 20, \quad D(a_4)\,W_w(a_4) = 20$$

となる．したがって，マキシミンの基準にしたがえば，B案(少し構造改革する)を選択することになる．ただし，反対に最も楽観的な基準を考えることもできる．そして，これら2つの基準は，次に紹介するフルビッツの基準に統合される．

3．フルビッツの基準

ある案の満足度は，各シナリオに対する満足度の最高値と最低値の加重平均であらわされる．

$$W_H(a_i) = \alpha \max_j W_{ij} + (1-\alpha) \min W_{ij}, \quad 0 < \alpha < 1$$
$$(i = 1, \cdots, n \quad j = 1, \cdots, m)$$

フルビッツの基準とは，この式において，W_H（満足度）が最大になる案を選択することである．この基準は，式からわかるように，悲観論と楽観論を混合したもので，αが楽観の程度をあらわすパラメーター(助変数)である．この例では

$$A(a_1) \quad W_H(a_1) = 50\alpha + (1-\alpha) \times 20 = 30\alpha + 20$$
$$B(a_2) \quad W_H(a_2) = 35\alpha + (1-\alpha) \times 35 = 35$$
$$C(a_3) \quad W_H(a_3) = 60\alpha + (1-\alpha) \times 20 = 40\alpha + 20$$
$$D(a_4) \quad W_H(a_4) = 70\alpha + (1-\alpha) \times 20 = 50\alpha + 20$$

となる．したがって，$(\alpha > 0.3)$のとき，D案(完全に構造改革する)を選択することになる．これは，大泉総理の考えに一致する．

4．ミニマックスの基準

機会損失が最も小さい案を選択する基準である．

$$W_S(a_i) = \max_j V_{ij} \quad (i = 1, 2, \cdots, n)$$
(機会損失)

$$V_{ij} = \max_K W_{Kj} - W_{ij} \quad (i = 1, 2, \cdots, m)$$
(シナリオの不確実性のための不満足度)

ミニマックスの基準とは,上式において,W_S(不満足度)が最小になる案を選択することである.また,V_{ij}は,式からも明らかなように,もしシナリオの状態が真であるとあらかじめわかっていれば選択したであろう案に対する結果 ($\max_K W_{kj}$) と,シナリオの状態が真であると知らないばかりに選択してしまった a_i に対応する W_{ij} との差である.これは,シナリオの状態の出現を知らなかったことに基づく損失,機会損失である.シナリオの状態は,機会損失を最大にするものが出現するという悲観的立場から $W_S(a_i)$ が定められる.このミニマックスの基準は,前述した3つの基準とは異なり,これを最小にする案を選定する.ところでこの例では,V_{ij} すなわち損失表は,表-2のようになる.

ゆえに $W_S(a_i)$ は次のようになる.

$A(a_1) \quad W_S(a_1) = 30$

$B(a_2) \quad W_S(a_2) = 35$

$C(a_3) \quad W_S(a_3) = 20$

$D(a_4) \quad W_S(a_4) = 30$

案＼シナリオ	I	II	III	IV
A 構造改革はしない	40	40	50	20
B 少し構造改革する	35	35	35	35
C かなり構造改革する	30	60	30	20
D 完全に構造改革する	30	70	20	20

表-2 損失表

したがって，$W_S(a_i)$ の最小である C 案（かなり構造改革する）を選択することになる．

以上 4 つの基準にしたがって意思決定をした場合，選択された案はすべて異なってくる．さて大泉総理，このパラドックスをいかにして解くのであろうか．

マトリックス思考事例⑪

ISM と応用例

　ISM モデルは，J.W.Warfield によって提唱された Interpretive Structural Modeling の頭文字をとった名称で，階層構造化手法の1つである．ところでこのモデルの特徴は，次に示すとおりである．

① 問題を明確にするためには，多くの人の知恵を集める必要があるとする参加型システムである．

② このようなブレーンストーミングで得られた内容を定性的な方法で構造化し，結果を視覚的(階層構造)に示すシステムである．

③ 手法としては，アルゴリズム的であり，コンピューターによるサポートを基本としている．

　このような手法を実際の問題に適用することにより，人間のもつ直観や経験的判断による認識のもつ矛盾点を修正し，問題をより客観的に明確にすることができる．

　次に，計算の手順を示す．まず何人かのメンバーを集め，ブレーンストーミングにより関連要素を抽出する．そしてこの要素のペア比較を行い，要素 i が要素 j に影響を与えていれば1，そうでなければ0として関係行列を作る．
以下，図1を参照しながら進んでいくことにしよう．

　さて，ISM モデルの計算手順を，プロ野球におけるドラフト選択の要因分析を例に説明する．

マトリックス思考事例 ⑪

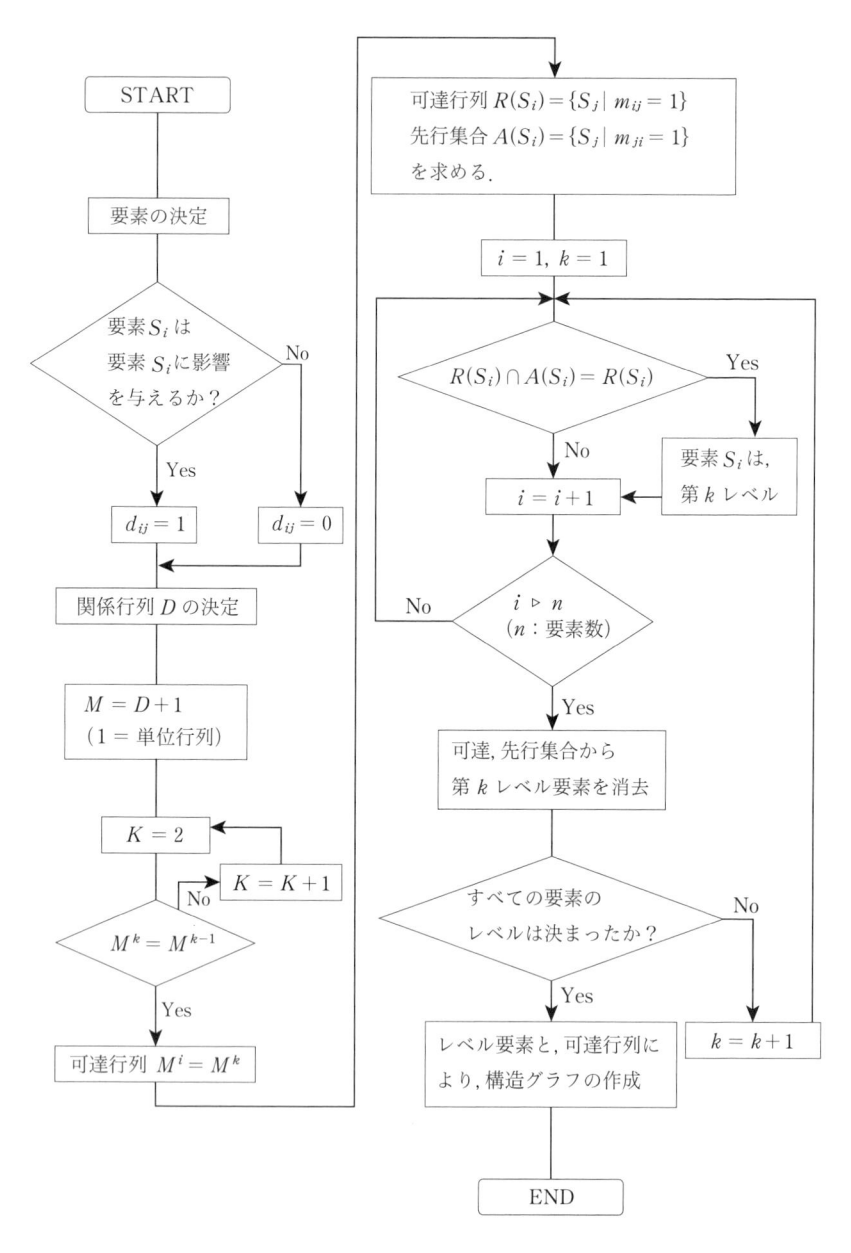

図-1 ISM の計算アルゴリズム

まず，何人かのメンバーを集め，ブレーンストーミングにより，ドラフト選択に関係すると思われる要素を抽出した．その結果は，表1に示すようになった．ただし，要素の数は，全部で9つである．次に，これら9つの要素のペア比較を行い，要素 i が要素 j に影響を与えていれば1，そうでなければ0として関係行列 (E) を作る．この例においては，表2に示すようになった．そして，単位行列を加えて，

$$N = E + I \tag{1}$$

とする．

番号	要素の内容
1	ドラフトの選択
2	将来性
3	アマ時代の状況
4	個人の資質
5	アマ時代の成績
6	学校(社会)における環境
7	スター性
8	性格
9	交友関係

表1　要素のリスト

要素	1	2	3	4	5	6	7	8	9
1	0	0	0	0	0	0	0	0	0
2	1	0	0	0	0	0	0	0	0
3	1	0	0	0	0	0	0	0	0
4	1	0	0	0	0	0	0	0	0
5	1	0	1	0	0	0	0	0	0
6	1	0	1	0	0	0	0	0	0
7	1	0	0	1	0	0	0	0	0
8	1	0	0	1	0	0	0	0	0
9	1	0	0	1	0	0	0	0	0

表2　関係行列

この N のベキ乗を次々と求め，可達行列 N^* を計算する ($N^k = N^{k-1}$

となるまで計算する）．この例の可達行列 N^* は表3に示すとおりである．

次にこの可達行列により，各要素 t_i に対して，

要素	1	2	3	4	5	6	7	8	9
1	1	0	0	0	0	0	0	0	0
2	1	1	0	0	0	0	0	0	0
3	1	0	1	0	0	0	0	0	0
4	1	0	0	1	0	0	0	0	0
5	1	0	0	0	1	0	0	0	0
6	1	0	0	0	0	1	0	0	0
7	1	0	0	0	0	0	1	0	0
8	1	0	0	0	0	0	0	1	0
9	1	0	0	0	0	0	0	0	1

表3 可達行列

$$可達集合\ R(t_i) = \{x_j \mid n_{ij'} = 1\} \tag{2}$$

$$先行集合\ A(t_i) = \{t_i \mid n_{ji'} = 1\} \tag{3}$$

を求める．このことをより簡単にいえば，可達集合 $R(t_i)$ を求めるには，各行を見て［1］になっている列を集めればよく，先行集合 $A(t_i)$ を求めるには，各列を見て［1］になっている行を集めればよい．この例における各要素の可達集合と先行集合は表4に示すとおりである．

各要素の階層構造におけるレベルの決定は，

t_i	$R(t_i)$	$A(t_i)$	$R(t_i) \cup A(t_i)$
1	①,	①, 2, 3, 4, 5, 6, 7, 8, 9	1
2	①, 2	1	2
3	①, 3	3, 5, 6	3
4	①, 4	4, 7, 8, 9	4
5	①, 3, 5	5	5
6	①, 3, 6	6	6
7	①, 4, 7	7	7
8	①, 4, 8	8	8
9	①, 4, 9	9	9

表4 可達集合と先行集合

この可達集合 $R(t_i)$ と先行集合 $A(t)$ により，
$$R(t_i) \cap A(t_i) = R(t_i) \tag{4}$$
となるものを，逐次求めていくものである．表4において，式(4)を満たすのは要素1だけであるから，まず第1レベルが決まる．すなわち，
$$L_1 = \{1\}$$
である．次に，要素1を表4から消去(丸印を付ける)して，同じように，式(4)を満たす要素を抽出する．その結果，レベル2としては，
$$L_2 = \{2, 3, 4\}$$
となる．次に，これらの要素 {2,3,4} を消去すると，表5のようになる．この表に対して，また，式(4)を適用すると，レベル3は，
$$L_3 = \{5, 6, 7, 8, 9\}$$

t_i	$R(t_i)$	$A(t_i)$	$R(t_i) \cap A(t_i)$
5	5	5	5
6	6	6	6
7	7	7	7
8	8	8	8
9	9	9	9

表5 可達集合と先行集合

となる．すなわち，この階層構造のレベルは3水準までとなる．これらのレベルごとの要素と表3に示した可達行列より，隣接するレベル間の要素の関係を示す構造化行列が得られる．この例の場合，表6に示すようになる．

この構造化行列より階層構造が決定する．すなわち，レベル1である要素1の列を見ると {1,2,3,4} に1があり，レベル2である要素2, 3, 4と関連することがわかる．同様にして，要素3には要素5, 6が，要素4には要素7, 8, 9が関連していることがわかる．

マトリックス思考事例 ⑪

	1	2	3	4	5	6	7	8	9
1	1	0	0	0	0	0	0	0	0
2	1	1	0	0	0	0	0	0	0
3	1	0	1	0	0	0	0	0	0
4	1	0	0	1	0	0	0	0	0
5	0	0	1	0	1	0	0	0	0
6	0	0	1	0	0	1	0	0	0
7	0	0	0	1	0	0	1	0	0
8	0	0	0	1	0	0	0	1	0
9	0	0	0	1	0	0	0	0	1

表6　構造化行列

以下，関連している要素間を線で結び，レベル1からレベル3の階層構造を図示したものが，図2である．

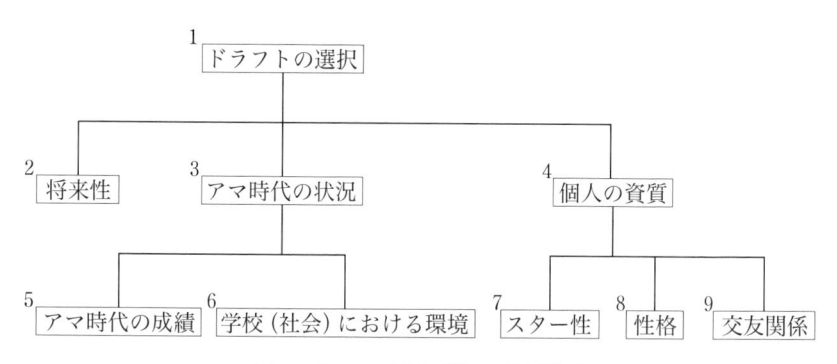

図2　ドラフト選択に関する階層構造

マトリックス思考事例⑫

Dematel

　DEMATEL法は，Decision Making Trial and Evaluation Laboratoryの略で専門的知識をアンケートという手段により集約することによって問題の構造を明らかにするものであり，問題複合体の本質を明確にし，共通の理論を集める手法である．この手法は，スイスのバテル研究所が世界的複合問題（World Problem，南北問題，東西問題，資源，環境問題等）を分析するために開発したものである．内容的にはISM手法と類似している．

　すなわち，システムが大きくなると，そのシステムを構成している各要素，およびそれらの結合状態を認識することが難しくなる．このような場合，各要素の関係を効率よく作成する手法が開発されている．これはシステムの構造解析あるいは構造化と呼ばれているが，この中にISMとDEMATELがある．ただし，DEMATELがISMと異なる点は，以下の2点である．

(1) 要素間のペア比較アンケートにおいて，ISMでは1か0で答えているのに対して，DEMATELでは，0，2，4，8（あるいは1，2，3，4）といういくつかの段階で答えている．

(2) (1)のペア比較を行う際，ISMでは人間とコンピュータが対話的（interactive）に進めていくが，DEMATELでは専門家へのアンケートにより処理する．

マトリックス思考事例 ⑫

(3) ISMでは，要素間の関係に推移性を仮定しているが，DEMATELでは，このような仮定は設けず，(1)で得られた行列(クロスサポート行列と呼ぶ)を処理して，システムの構造を表現している．

さて，このDEMATEL法は，世界的複合問題のほか，環境アセスメント，都市再開発問題，学校における教科カリキュラムの編成，競技者ランキング問題などに適用されている．

次に，DEMATEL法の数学的背景と計算手順を説明する．まず，与えられた問題に対する要素をこの問題に関する専門家に抽出してもらう．そしてこの要素間のペア比較を行い，要素 i が要素 j にどれくらい直接影響(寄与)しているかを a_{ij} で表し，行列A(クロスサポート行列)を作る．成分 a_{ij} は要素 i が要素 j に与える直接影響(寄与)の程度を示している．もちろん，これらのペア比較もこの問題の専門家にアンケートを行い作成するものであるが，専門家は次に示すような形容尺度に伴う数値により各影響(寄与)の程度 a_{ij} を評価する．

非常に大きい直接影響(寄与)：8

かなりの直接影響(寄与)：4

ある程度の直接影響(寄与)：2

無視しうる直接影響(寄与)：0

このほかにも尺度として，4, 3, 2, 1 が用いられることがある．

ところで，行列Aは直接影響(寄与)のみを表しているので，各要素間の間接的影響(寄与)をも表現することを考える．そこで，まず行列 $A = [a_{ij}]$ から直接影響行列 D を次式により定義する(ただし，s は尺度因子といい，後で詳しく説明する.)

$$D = s \cdot A \ (s > 0) \tag{1}$$

あるいは，

$$d_{ij} = s \cdot a_{ij} \quad (s > 0) \tag{2}$$

すなわち，この行列は，各要素間の直接的な影響の強さを相対的に表示したものである．

次に，この行列 D の行和

$$D_{ij} = \sum_{i=1}^{n} d_{ij} \tag{3}$$

は，要素 i が他のすべての要素に与える尺度付けられた直接的影響の総計を示している．一方，行列 D の列和

$$d_{sj} = \sum_{i=1}^{n} d_{ij} \tag{4}$$

は，要素 j が他のすべての要素から受け取る尺度付けられた直接的影響の総計を示す．また，式(3)と(4)の和，すなわち，

$$d_i = d_{is} + d_{sj}$$

を要素 i の尺度付けられた直接的影響強度という．さらに次式で定義される $W_i(d)$ は，

$$W_i(d) = \frac{d_{is}}{\sum_{i=1}^{n} d_{is}} \tag{5}$$

となり，要素 i の直接の影響を与える観点からの正規化された重みである．そして，

$$V_j(d) = \frac{d_{sj}}{\sum_{j=1}^{n} d_{sj}} \tag{6}$$

は，要素の直接の影響を受ける観点からの正規化された重みである．

次に D^2 の (i, j) 要素を $d_{ij}^{(2)}$ と書けば，

$$d_{ij}^{(2)} = \sum_{k=1}^{n} d_{ik} \cdot d_{kj} \tag{7}$$

を得る．クロスサポート行列 A の各要素間において，推移関係が成立

するので，2段階による間接的な影響が2つの直接的な影響の積，すなわち，$d_{ik} \cdot d_{kj}$ により表せる．したがって，D^2 の要素 $d_{ij}{}^{(2)}$ は，要素 i から要素 j への他のすべての要素 ($k = 1, 2, \cdots, n$) を通じての2段階による影響の程度を示している．同様にして，D^m の (i, j) 要素 $d_{ij}{}^{(m)}$ は，m 段階での要素 i から要素 j への間接的な影響の程度を示すことになる．したがって，

$$D + D^2 + \cdots + D^m = \sum_{i=1}^{m} D^i \tag{8}$$

は，m 段階までの直接と間接の影響の総和を示す．そこで，各要素間の直接と間接の影響を測る全影響行列を F とすれば，$m \to \infty$ のとき $D^m \to 0$ となるならば，F は，

$$F = \sum_{i=1}^{\infty} D^i = D(I-D)^{-1} \tag{9}$$

となる．ここで I は単位行列である．すなわち，全影響行列 F は，要素 i から要素 j への他のすべての要素を通じての直接と間接の影響すべての強さを表すものである．

次に示す行列 H

$$H = \sum_{i=2}^{\infty} D^i = D^2(I-D)^{-1} \tag{10}$$

は式からも明らかなように，全影響行列 F から直接影響行列 D を取り除いて得られる要素間の間接的な影響の強さのみを表すものである．この行列を間接影響行列と呼ぶ．行列 $F = [f_{ij}]$ と $H = [h_{ij}]$ の第 i 行の和

$$f_{is} = \sum_{j=1}^{n} f_{ij}, \quad h_{sj} = \sum_{i=1}^{n} h_{ij} \tag{11}$$

は，要素 j が他の要素に与える直接および間接影響の総計 (f_{sj}) と間接影響の総計 (h_{sj}) を示す．一方，行列 $F = [f_{ij}]$ と $H = [h_{ij}]$ の第 j 行

の和

$$f_{sj} = \sum_{i=1}^{n} f_{ij}, \quad h_{ij} = \sum_{i=1}^{n} h_{ij} \qquad (12)$$

は，要素 j が他の要素から受け取る直接および間接影響の総計 (f_{sj}) と間接影響の総計 (h_{sj}) を示す．また，式(11)と(12)の和，すなわち，

$$f_i = f_{is} + f_{sj}, \quad h_i = h_{is} + h_{sj} \qquad (13)$$

を要素 i の全影響強度 (f_i) と間接的影響強度 (h_i) という．さらに，次式で定義される $w_i(f)$, $w_i(h)$ は，

$$w_i(f) = \frac{f_{is}}{\sum_{i=1}^{n} f_{is}} \qquad (14)$$

$$w_i(h) = \frac{h_{is}}{\sum_{i=1}^{n} h_{is}} \qquad (15)$$

となり，それぞれ要素 i の直接および間接の影響を与える観点からの正規化された重み $w_i(f)$ と要素 i の間接の影響を与える観点からの正規化された重み $w_i(h)$ を表す．

そして，

$$V_i(f) = \frac{f_{sj}}{\sum_{j=1}^{n} f_{sj}} \qquad (16)$$

$$V_j(h) = \frac{h_{sj}}{\sum_{j=1}^{n} h_{sj}} \qquad (17)$$

は，それぞれ要素 j の直接および間接の影響を受ける観点からの正規化された重み $w_i(f)$ と要素 i の間接の影響を受ける観点からの正規化された重み $V_j(h)$ を表す．

次に，尺度因子 s について考えることにする．先に述べた $m \to \infty$ の

とき，$D^m \to 0$ になるという仮定は，「間接的影響は因果の連鎖が長くなるにつれて減少していく」という経験的事実による．この仮定は行列 D の尺度因子 s をどのように選ぶかということに関する情報を与える．

ところで，行列理論の定理によれば，行列 D のスペクトル半径 $\rho(D)$ が 1 より小さいとき，式(9)に示した級数 $F = \sum_{i=1}^{\infty} D_i$ は $D(I-D)^{-1}$ に収束することがわかっている．また，$\rho(D)$ の上限は次式より簡単に与えられる．

$$\rho(D) \leqq \max_{1 \leqq i \leqq n} \sum_{j=1}^{n} |d_{ij}|$$

$$= s \cdot \max \sum_{j=1}^{b} |a_{ij}| \tag{18}$$

または，

$$\rho(D) \leqq \max_{1 \leqq j \leqq n} \sum_{i=1}^{n} |d_{ij}|$$

$$= s \cdot \max_{1 \leqq j \leqq n} \sum_{i=1}^{n} |a_{ij}| \tag{19}$$

となる．

これから，級数 F が収束するためには，尺度因子 s が

$$0 < s < \sup$$

の区間で与えられることが条件になる．ただし，sup は，

$$\sup = \frac{1}{\max_{1 \leqq i \leqq n} \sum_{j=1}^{n} |a_{ij}|} \tag{21}$$

または，

$$\sup \frac{1}{\max_{1 \leqq j \leqq n} \sum_{i=1}^{n} |a_{ij}|} \tag{22}$$

で与えられる．ここで，sの値を変化させることにより，推移性の程度や間接的影響の程度を制御することができる．もし，sを小さく選べば，間接的影響に比べて相対的に低くなる．通常，尺度因子sは，式(22)で与えられる上限 sup か，この $1/2$, $3/4$ を与える．

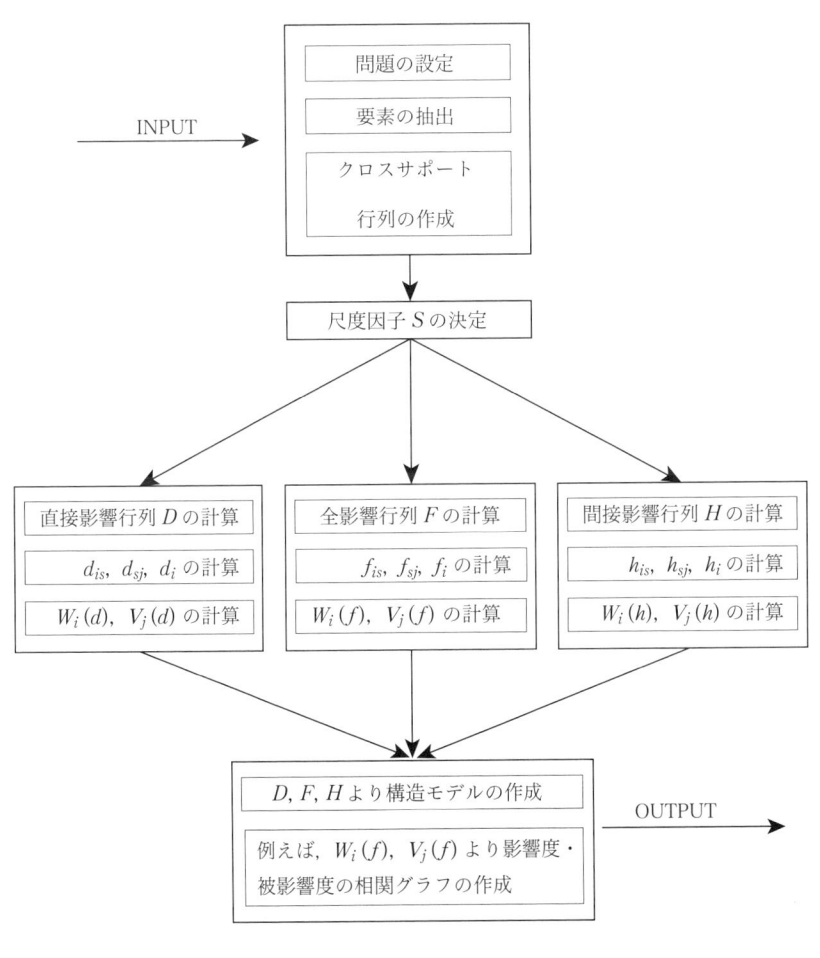

```
INPUT → [問題の設定]
        [要素の抽出]
        [クロスサポート行列の作成]
            ↓
    [尺度因子 S の決定]
      ↙     ↓      ↘
[直接影響行列 D の計算]  [全影響行列 F の計算]  [間接影響行列 H の計算]
[$d_{is}, d_{sj}, d_i$ の計算] [$f_{is}, f_{sj}, f_i$ の計算] [$h_{is}, h_{sj}, h_i$ の計算]
[$W_i(d), V_j(d)$ の計算] [$W_i(f), V_j(f)$ の計算] [$W_i(h), V_j(h)$ の計算]
      ↘     ↓      ↙
   [D, F, H より構造モデルの作成
    例えば，$W_i(f), V_j(f)$ より影響度・被影響度の相関グラフの作成] → OUTPUT
```

図-1　Dematel の計算

DEMATEL の計算手順を図にすると，図-1に示すようになる．出力として，直接影響行列 D，全影響行列 F，間接影響行列 H より，要素 i から j の影響度をあるしきい値で切り，それより強い影響のあるものだけを関係ありとし，3種類の構造化グラフ(直接影響，全影響，間接影響)が作成される．さらに，例えば，要素 i の直接および間接の影響を与える観点からの正規化された重み $w_i(f)$ と要素 j の直接および間接の影響を受ける観点からの正規化された重み $V_j(f)$ の相関グラフが作成される．この場合，このグラフは縦軸に w_i (影響度)，横軸に V_j (被影響度)として表示される．

マトリックス思考事例⑬

DEMATELによる社会的意思決定

　21世紀になり，米国での9・11テロを皮切りに，北朝鮮問題，イラク戦争と地球規模での危機が充満している．しかも，中東問題（イスラエル問題）は一触即発危機にあり，核の脅威は未だに存在し，地球環境の悪化は日増しにエスカレートしているようだ．

　そこで，このような地球の危機，人類の危機に対する問題の構造解析を，DEMATELを用いて行うことにする．さて，どのようにすればよいのであろうか？

　まず，このテーマに関する問題項目を抽出する．それらは，次の10項目である．すなわち，核戦争，オゾン層の破壊，食糧不足，人口問題，人類の軽薄化，地球の汚染，資源問題，政治の腐敗，疫病，犯罪の増加である．

　次に，これら10項目間のクロスサポート行列を作成した．すなわち，i番目の項目がj番目の項目にどれくらい直接影響を与えているかの調査である．その結果は，表7-1に示すとおりである．ただし，これら10項目の抽出や，各項目間のクロスサポート行列の値は，著者が適当に作ったものであり，特に意味のある数字ではない．

マトリックス思考事例 ⑬

	1	2	3	4	5	6	7	8	9	10
1. 核戦争	0	0	8	0	0	8	4	4	4	2
2. オゾン層の破壊	0	0	0	0	0	8	0	0	2	0
3. 食糧不足	0	0	0	0	0	0	0	2	2	4
4. 人口問題	0	0	4	0	0	2	4	0	0	2
5. 人類の軽薄化	0	2	2	2	2	2	2	4	4	4
6. 地球の汚染	0	0	4	0	0	0	0	0	4	0
7. 資源問題	4	0	2	0	0	2	0	4	0	0
8. 政治腐敗	2	0	2	0	0	2	0	0	0	4
9. 疫病	0	0	0	0	0	0	0	0	0	2
10. 犯罪の増加	0	0	0	0	4	0	0	2	0	0

表1　クロスサポート行列

　さて，表1に示したクロスサポート行列の値より計算した上限の sup は，0.04167 である．そこで，この例における尺度因子には，この値（0.0417）を採用することにする．その結果，直接影響行列 D，全影響行列 F，間接影響行列 H は，それぞれ表2，表3，表4に示すようになった．これら3つの行列より，3種類の構造化グラフを作成する．その際，しきい値は，直接影響行列（$p = 0.12$），全影響行列（$p = 0.2$），間接影響行列（$p = 0.08$）とする．すなわち，しきい値以上の影響度のある (i, j) 要素のみを関係ありとする構造化グラフを作成した．それらは，図1（直接影響行列），図2（全影響行列），図3（間接影響行列）に示すとおりである．

	1	2	3	4	5	6	7	8	9	10
1	0.000	0.000	0.333	0.000	0.000	0.333	0.167	0.167	0.167	0.083
2	0.000	0.000	0.000	0.000	0.000	0.333	0.000	0.000	0.083	0.000
3	0.000	0.000	0.000	0.000	0.000	0.000	0.000	0.083	0.083	0.167
4	0.000	0.000	0.167	0.000	0.000	0.083	0.167	0.000	0.000	0.083
5	0.000	0.083	0.083	0.083	0.083	0.083	0.083	0.167	0.167	0.167
6	0.000	0.000	0.167	0.000	0.000	0.000	0.000	0.000	0.167	0.000
7	0.167	0.000	0.083	0.000	0.000	0.083	0.000	0.167	0.000	0.000
8	0.083	0.000	0.083	0.000	0.000	0.083	0.000	0.000	0.000	0.167
9	0.0	0.0	0.0	0.0	0.0	0.0	0.0	0.0	0.0	0.083
10	0.0	0.0	0.0	0.0	0.167	0.0	0.0	0.083	0.0	0.0

表2　直接影響行列

	1	2	3	4	5	6	7	8	9	10
1	0.052	0.003	0.458	0.003	0.040	0.393	0.179	0.270	0.286	0.240
2	0.001	0.0	0.057	0.0	0.004	0.335	0.001	0.008	0.145	0.024
3	0.001	0.003	0.019	0.003	0.034	0.017	0.005	0.110	0.095	0.203
4	0.035	0.002	0.221	0.002	0.024	0.118	0.175	0.069	0.048	0.143
5	0.041	0.094	0.184	0.094	0.132	0.178	0.117	0.255	0.248	0.294
6	0.002	0.001	0.17	0.001	0.008	0.003	0.001	0.02	0.183	0.049
7	0.192	0.001	0.199	0.001	0.016	0.171	0.034	0.232	0.08	0.097
8	0.091	0.003	0.144	0.003	0.036	0.124	0.019	0.054	0.054	0.218
9	0.001	0.001	0.003	0.001	0.015	0.003	0.002	0.011	0.004	0.089
10	0.014	0.015	0.040	0.015	0.177	0.038	0.02	0.127	0.043	0.064

表 3 全影響行列

	1	2	3	4	5	6	7	8	9	10
1	0.052	0.003	0.142	0.003	0.04	0.06	0.013	0.103	0.119	0.156
2	0.001	0.0	0.057	0.0	0.004	0.001	0.001	0.008	0.061	0.024
3	0.001	0.003	0.019	0.003	0.034	0.017	0.005	0.027	0.012	0.036
4	0.035	0.002	0.054	0.002	0.023	0.035	0.008	0.069	0.048	0.059
5	0.041	0.012	0.102	0.012	0.056	0.096	0.034	0.09	0.083	0.0129
6	0.002	0.001	0.004	0.001	0.008	0.003	0.001	0.02	0.016	0.049
7	0.025	0.001	0.116	0.001	0.016	0.088	0.034	0.065	0.08	0.097
8	0.008	0.003	0.061	0.003	0.036	0.041	0.019	0.055	0.054	0.051
9	0.001	0.011	0.004	0.001	0.015	0.003	0.002	0.011	0.004	0.005
10	0.014	0.016	0.043	0.016	0.025	0.04	0.021	0.047	0.046	0.067

表 4 間接影響行列

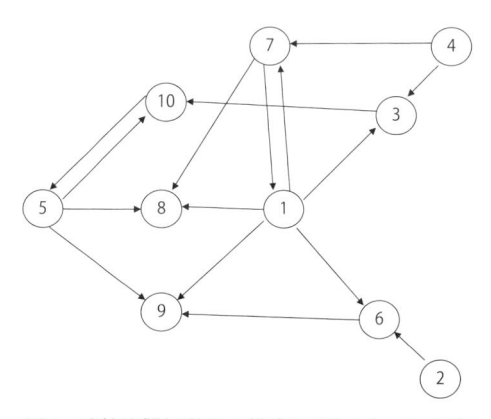

図 1 直接影響行列 D の構造化グラフ (p=0.120)

マトリックス思考事例 ⑬

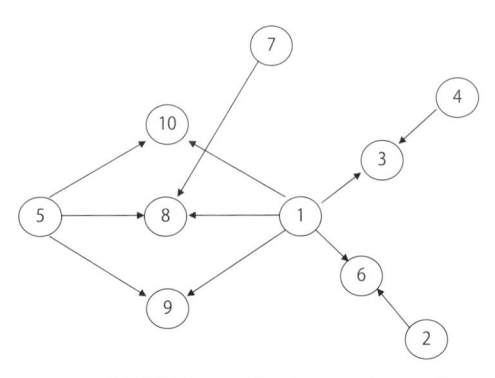

図2　全影響行列 F の構造化グラフ（p＝0.2）

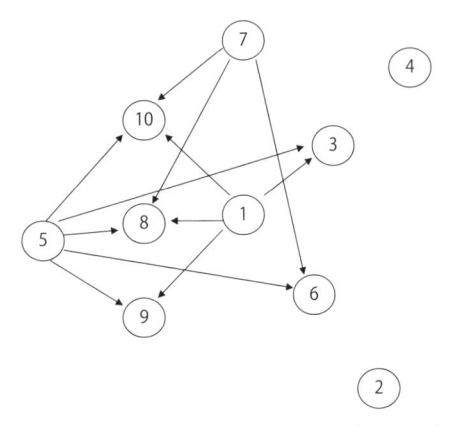

図3　間接影響行列 H の構造化グラフ（p＝0.08）

　次に，項目の直接および間接の影響（全影響）を与える観点からの正規化された重みと要素の直接および間接の影響（全影響）を受ける観点から正規化された重みの相関グラフを作成した．その結果は図4に示したとおりである．このグラフより，項目9である疫病は，他の項目

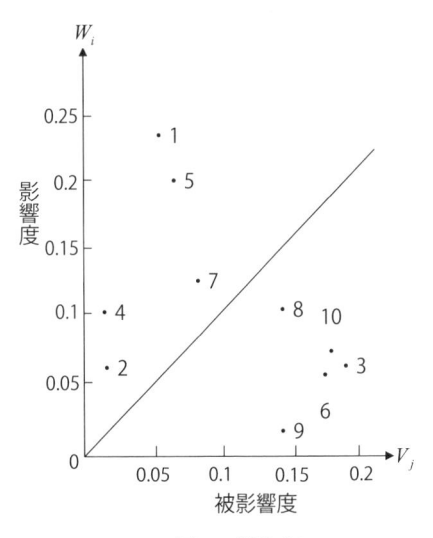

	V_j 被影響度	W_i 影響度
1	0.052	0.230
2	0.015	0.069
3	0.179	0.06
4	0.015	0.1
5	0.058	0.196
6	0.165	0.052
7	0.066	0.122
8	0.138	0.089
9	0.142	0.015
10	0.17	0.066

図4 相関グラフ

からの影響を強く受けながらも，他の項目にあまり影響を与えていないことが視覚的にとらえられる．これとは対照的に項目1である核戦争は他の項目に多大な影響を与えているが，他の項目からあまり影響を受けていないことがわかる．また，これら10項目を比較的影響度の強いグループと被影響度の強いグループに分けると，前者のグループに項目1(核戦争)，項目2(オゾン層の破壊)，項目4(人口問題)，項目5(人類の軽薄化)，項目7(資源問題)，が入り，後者のグループに，項目3(食糧不足)，項目6(地球の汚染)，項目8(政治の腐敗)，項目9(疫病)，項目10(犯罪の増加)，が入ることがわかる．

マトリックス思考事例⑭

PERT と応用例

　ある劇団から舞台作品の完成までのスケジュールについて相談を受けた．ところで，この劇団，即興の寸劇が得意で，作品の企画から舞台の初日までが1～2週間と早いことで有名である．また，エスプリのきいた前衛的笑いが若者にうけ，いまや売れっ子の劇団にのし上がっていた．さて，今回の，オー・ヘンリーの「20年後」という有名な作品をうまくアレンジして企画したいのであるが，作業の内容とスケジュールを整理してほしいとのことであった．さて，舞台作品の初日までの作業を整理すると，表–1のようになる．このとき，たとえば舞台内容の修正追加の作業Gは，大道具の設置作業Dと本げいこの作業Fが終了しなければ始められない．一方，各作業の所要日数は，表–2のようになる．さて，何日くらいで初日がむかえられ，日程はどのようになるか考えてみることにしよう．

作業	内容	先行作業
A	企画検討	なし
B	劇団の手配	A
C	予備けいこ	A
D	大道具の設置	B
E	小道具，衣装の準備	B
F	本げいこ	C
G	舞台内容の修正追加	D, F
H	本番リハーサル	E, G

表1　作業リスト

作業	所要日数
A	2
B	3
C	1
D	2
E	1
F	2
G	3
H	2

表2　各作業の所要日数

このような企画はスムーズに遂行させるためには，合理的なプランニングを行い，スケジュールをうまく組まなくてはならない．このために，種々のネットワークによる計画手法が開発された．そこで，ここでは，PERT(Program Evaluation and Review Technigue)という手法でこの問題を考えてみよう．PERT は，米国海軍がポラリスミサイル建造のために開発した手法であり，作業の順序関係に注目し，クリティカルパスと呼ばれる一連の作業を中心に管理することによって，企画を予定期間内に完成させることを目指している．

　PERT による作業は矢線図(アローダイヤグラム)により表現するのが普通である．すなわち，矢印(arrow)により各作業を表し，結合点(node)でその結合関係を表している(図1 参照)．

　このようにして，相談を受けた舞台の企画に関するアローダイヤグラムは図2のように描くことができる．

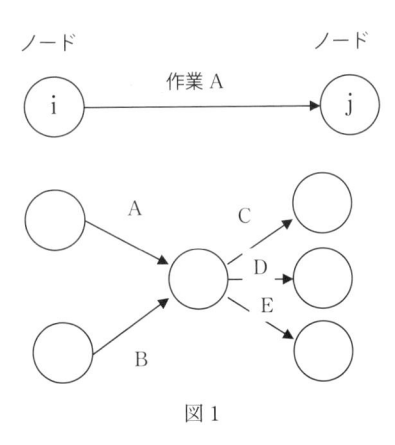

図1

マトリックス思考事例 ⑭

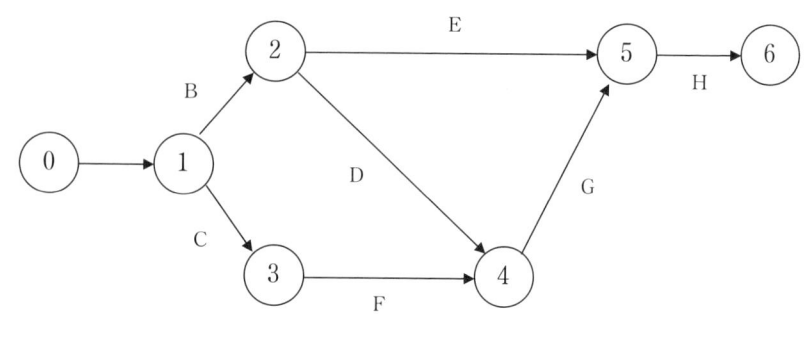

図2 アローダイヤグラム

次に，このアローダイヤグラムの中でクリティカルパスを見つけなければならない．そのためには各結合点（ノード）の出発日である結合点日を計算する．この結合点日には，2つあり，1つは最早結合点日（earliest node time）であり，もう1つは，最遅結合点日（latest node time）である．

アローダイヤグラムにおいて，結合点 i を最も早く出発できる日をその結合点の最早結合点といい，TE_i で表すことにする．すなわち，

$$\left.\begin{array}{l} TE_0 = 0 \\ TE_i = \max[TE_k + d_{ki}] \\ TE_n = \alpha \,(\text{企画工程日数}) \\ (i = 1, 2, \cdots\cdots, n) \end{array}\right\} \quad (1)$$

となる．ただし，d_{ki} はノード k, i 間の作業日数を表す．

次に，企画工程日数（全作業終了までの日数）までに作業を完了するためには，最も遅くなったとしても各結合点をいつまでに完了すればよいかが重要である．この時刻を，結合点 j の最遅結合点日といい，TL_j で表すことにする．すなわち，

$$\left.\begin{array}{l}TL_n = \alpha\,(= TE_n) \\ TL_i = \min\,[TL_k - d_{jk}] \\ (j = n-1, n-2, \cdots\cdots, 0)\end{array}\right\} \quad (2)$$

となる．

次に相談を受けた例における最早結合点日と最遅結合点日を求める．そのために必要な各作業の所要日数は問題文にもあった表2を使う．

まず，最早結合点日を求める．そのために図3に示すように，各結合点(ノード)の近くに四角の枠を2つ重ねて用意する．この枠の上の段に最早結合点日を記入する．

まず，ノード0は舞台の企画の仕事のスタートであるから0を記入する．ノード1は，作業Aが終われば，次に作業B, Cを始めることができる．したがって，作業Aの所要日数2を0に足した2を書き込む．同様にして，この値に作業Bの所要日数3を足した値5がノード2の最早結合点日である．ノード3の最早結合点日も同様に計算できる．ところが，ノード4(すなわち作業G)は作業D, Fが両方とも終わらなければ始められない．したがって，5＋2＝7と3＋2＝5の大き

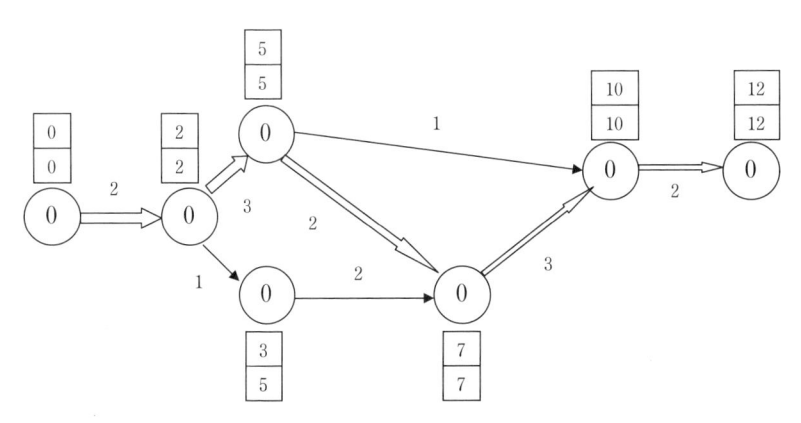

図3　結合点日の記入されたアローダイヤグラム

い方の値がノード4での最早結合点日となる．ノード5(すなわち作業H)は，ノード4と同じように，作業E, Gが両方とも終わらなければ始められない．したがって，$5+1=6$と$7+3=10$の大きい方の値10がノード5での最早結合点日となる．最後に，ノード6は，この値に作業Hの所要日数2を足した12となる．この値をそのまま下の段に移して，ノード6の最遅結合点日とする．ノード5, 4, 3の最遅結合点日は，前のノードの値から作業日数を引いた値，すなわち，10, 7, 3となる．ノード2については，$10-1=9$と$7-2=5$の小さい方の値5が最遅結合点日である．ノード1もノード2と同様にして，$5-3=2$と$5-1=4$の小さい方の値2が最遅結合点日となる．最後に，ノード0は0となる．

これらの結果は，図3に示したとおりである．ところで，各ノードの上下段の数が一致しているノードを結ぶと図3に示した太い線のパスができる．これがクリティカルパス(critical path)と呼ばれるものである．クリティカルパス上のどの作業を遅らせても，企画作業の工程日数がそれだけ延びることになる．すなわち，クリティカルパス上の各作業の所要日数の総計がこの企画作業の全工程日数となる．したがって，工程管理上からは，このクリティカルパス上の作業に最も注目する必要がある．一方クリティカルパス以外のパス上にある作業は日数に余裕があるので，作業が多少遅れても全体に影響を与えない場合がある．

このようなスケジューリング手法は，一般の研質開発プロジェクトの管理や，土木建築工事の工程管理に適用されている．

さて，この劇団は，スケジュールがうまく運び，オー・ヘンリーの「20年後」の舞台は，好評のうちに幕を閉じた．

マトリックス思考事例⑮

CPM と応用

　CPM (Critical Path Method) は，クリティカル・パスを求める点では PERT と同じ手法であるが，費用の最適化を図るという点で異なっている．この CPM 手法は，アメリカの化学メーカーであるデュポン社とコンピューターメーカーであるレミントン社の共同で開発されたものである．さて，この CPM とはどのような手法であるか？

　さて，この CPM 手法では，ある決められたプロジェクト完了時間（工程時間）に対して，プロジェクト費用を最小にするような工程計画を求めたり，ある決められたプロジェクト費用に対して，プロジェクト完了期間（工程期間）を最小にするような工程計画を求めることが目的となる．ただし，各作業の所要費用は，その作業の所要費用の 1 次関数とする．すなわち，仕事 (i, j) に要する所要費用は，標準時間 d_{ij} のときは m_{ij}，特急時間 $d_{ij}{}^*$ のときは $m_{ij}{}^*$ である．もちろん，各作業の所要費用は，その作業の時間短縮により増加するが，その様子は，図 1 のように線形に変化すると仮定する．すなわち，費用勾配は，

$$C_{ij} = \frac{m_{ij}{}^* - m_{ij}}{d_{ij} - d_{ij}{}^*} \tag{1}$$

と表される．

マトリックス思考事例 ⑮

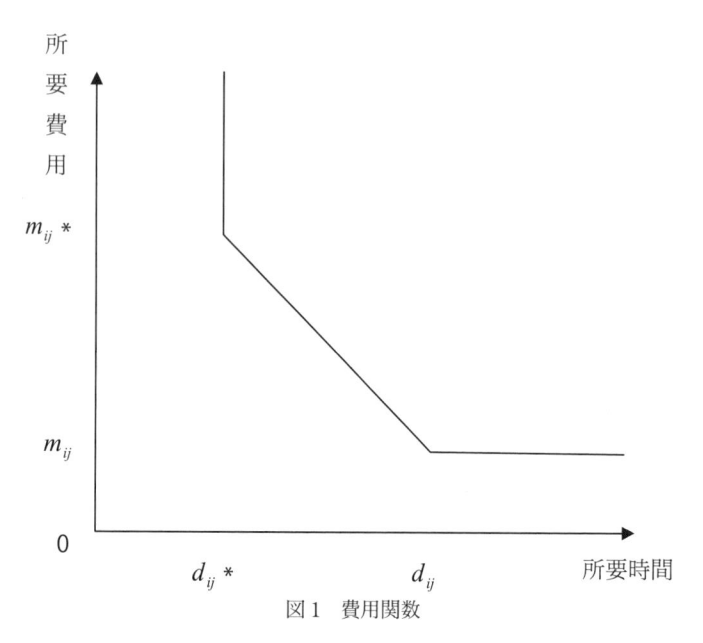

図1 費用関数

さて，事例⑭で使ったアローダイヤグラムを例にとり，CPM の内容を説明する．ところで，この例においては，クリティカル・パスに要する工程期間は 20 日であった．また，この例における各作業の所要時間と所要費用の諸量が表1に示すとおりとすると，総費用は 72 万円となる．

	作業	i	j	d_{ij}	m_{ij}	$d_{ij}*$	$m_{ij}*$
◎	A	0	1	1	1	0.5	3
	B	1	2	3	5	1	10
◎	C	1	3	5	10	3	15
	D	2	4	2	6	1	10
◎	E	3	4	4	12	3	18
	F	3	5	1	2	0.5	4
	G	4	6	3	4	1.5	8.5
	H	4	7	2	5	1	10
	I	5	6	5	13	2	25
◎	J	6	7	6	12	3	18
◎	K	7	8	1	2	0.5	4

表1 所要時間(日)と所要費用(万円)

さて，ここで工期を短縮していくのであるが，工期はクリティカル・パス上の作業によって決まることは PERT の項で説明した．したがって，工期を短縮するには，クリティカル・パス上の作業を短縮する必要がある．クリティカル・パス上の作業上以外の作業に費用をかけても効果は期待できないのである．

一方，同じ費用をかけても，短縮時間は各作業ごとに異なる．すなわち，式(1)に示した費用勾配は，その作業を1日短縮するのに必要な費用を表している．したがって，クリティカル・パスを短縮するときは，費用勾配の小さな作業から短縮するのが効率的である．

さて，この例におけるクリティカル・パス上の作業は，A, C, E, G, J, K（表1の左端に丸印を付けた）であり，これらの各作業の費用勾配 C_{ij} はそれぞれ次のようになる．

$$\text{作業 } A \cdots\cdots C_{11} = \frac{3-1}{1-0.5} = 4$$

$$\text{作業 } C \cdots\cdots C_{13} = \frac{15-10}{5-3} = 2.5$$

$$\text{作業 } E \cdots\cdots C_{34} = \frac{18-12}{4-3} = 6$$

$$\text{作業 } G \cdots\cdots C_{46} = \frac{8.5-4}{3-1.5} = 3$$

$$\text{作業 } J \cdots\cdots C_{67} = \frac{18-12}{6-3} = 2$$

$$\text{作業 } K \cdots\cdots C_{78} = \frac{4-2}{1-0.5} = 4$$

したがって，作業 J に特急費用を支払って所要時間を短縮するのがよい．この作業は，3日短縮でき，しかもクリティカル・パスは変わらない．したがって，作業 J に18万円支払って，工期を3日短縮して17日にできる．そのときの総費用は，78万円である．

次に，作業 C に特急費用を支払って所要時間を短縮する．この作業

は，2日短縮でき，しかもクリティカル・パスは変わらない．したがって，作業Cに15万円支払って，工期を2日短縮して15日にできる．そのときの総費用は，83万円である．次に，作業Gに特急費用を支払って所要時間の短縮を考える．この作業は，1.5日短縮可能であるが，1.5日短縮すると，クリティカル・パスが $0 \to 1 \to 3 \to 5 \to 6 \to 7 \to 8$ に変化する．したがって，作業Gに7万円支払って，工期を1日短縮して14日とする．そのときの総費用は，86万円である．

もし，作業Gをもっと短縮しようとすると，作業Fか作業Iも同時に短縮しないと，工期短縮にならない．したがって，この方法をとると，費用勾配は，$3+4=7$ となる．つまり，作業A，作業K，あるいは作業Eを短縮したほうがよいことになる．

以上，説明したように，逐次短縮することができるので，適当な工期に合わせて，仕事を急がせればよいのである．

さて，次にこのように，クリティカル・パスを求めることなく，アローダイヤグラムからすぐに総費用と工期との関係を示すことを考える．結合点iの結合点時刻をt_i，作業(i,j)の所要時間を，y_{ij}費用勾配，c_{ij}全工期をα，結合点の総数を$n+1$個$(0,1,\cdots,n)$，作業の数をm個，作業(i,j)の所要費用をz_{ij}，総費用をzとすれば，CPMの問題は以下のように定式化される．

$$\left.\begin{array}{l} y_{ij} \leqq t_j - t_i \\ y_{ij} \leqq D_{ij} \\ -y_{ij} \leqq -d_{ij} \\ -t_0 + t_n \leqq \alpha \end{array}\right\} \quad (2)$$

式(2)の制約条件の下で目標関数

$$z = \sum_m z_{ij} = \sum (-c_{ij} y_{ij} + k_{ij}) \to \min$$

を求めることになる．

ただし,
$$k_{ij} = \frac{m_{ij}{}^{*}d_{ij} - m_{ij}d_{ij}{}^{*}}{d_{ij} - d_{ij}{}^{*}} \tag{3}$$
である.

この問題は,線形計画法の問題となる.また,α の種々の値に対してこの問題を解くと工期と総費用の関係が求めることができる(図2参照)

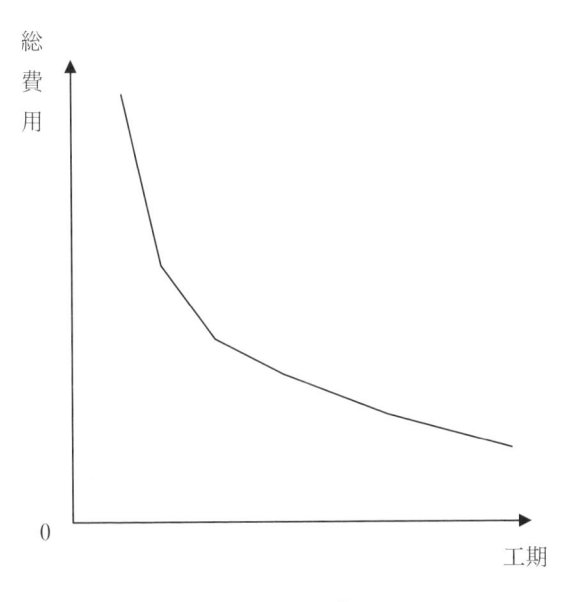

図2 工期と総費用

マトリックス思考事例⑯

オイラーの一筆書き

　私たち家族がある観光地にやってきたときのことである．この観光地は図1に示すような奇妙な街路になっていた．すなわち，A点からFまで6つの交差点が存在し，おのおのの街路を形成していた．さて，この観光地を歩いて見物したいのだが，同じ道を2度通らずにすべての街路を見ようとした．このような順路はあるのか？

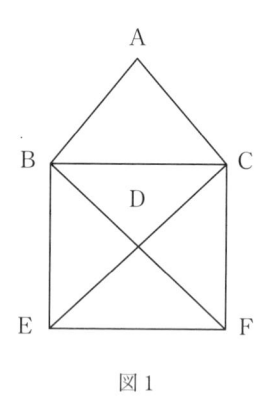

図1

　その後，この観光地の町庁で次のような質問を受けた．あるアンケートのため，この町のすべての家を訪問しなければならない．道の両側に家があり，歩道は左右2つある．右側の歩道を歩くときは右側のみ訪問するとして，すべての家を同じ歩道を2度通らずに訪問すること

ができるか？さらにこのアンケートは学生アルバイトが行い，この町の地理には不案内とする．

1. 一筆書きの問題

まず，第一の問題は，一筆書きの問題である．これは，オイラーによって解明されたのであるが，オイラーの道ともいわれる．

すなわち，次のような場合に一筆書きが可能である．

(1) すべての交差点において，出ている道の数が偶数である場合
(2) 2つの交差点において，出ている道の数が奇数で，その他はすべて偶数の場合

(1)の場合は，どの交差点から出発してもよく，(2)の場合は，出ている道の数が奇数の交差点から出発し，もう一方の奇数の交差点に到着する．すなわち，この例の場合，以下のように考えることができる．

この例では，交差点において出ている道の数が偶数である点は，A, B, C, D の 4 つである．一方，出ている道の数が奇数である交差点は，E, F の 2 つである．したがって，上述した場合 (2) が適用できる．すなわち，点 E から出発して番号の順に進み，点 F に到着するのである．

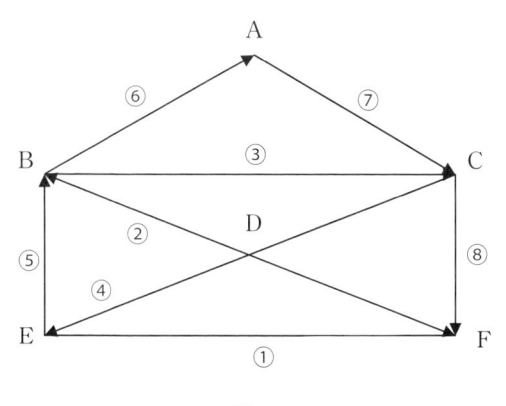

図 2

マトリックス思考事例 ⑯

　この様子は，図 2 に示したとおりである．このような一筆書きの問題は，先ほど述べたように，オイラーによって解き明かされた．オイラーは，ドイルのケーニヒスベルグの川にかかる 7 つの橋のおのおのを，ただ 1 回だけ渡るような道順は存在しないことを主張した．

　ここで，ケーニヒスベルグの橋の地図を図 3 に示す．わかりやすくするため，そのグラフ表現は図 4 に示す．ただし，辺は橋を表し，頂点

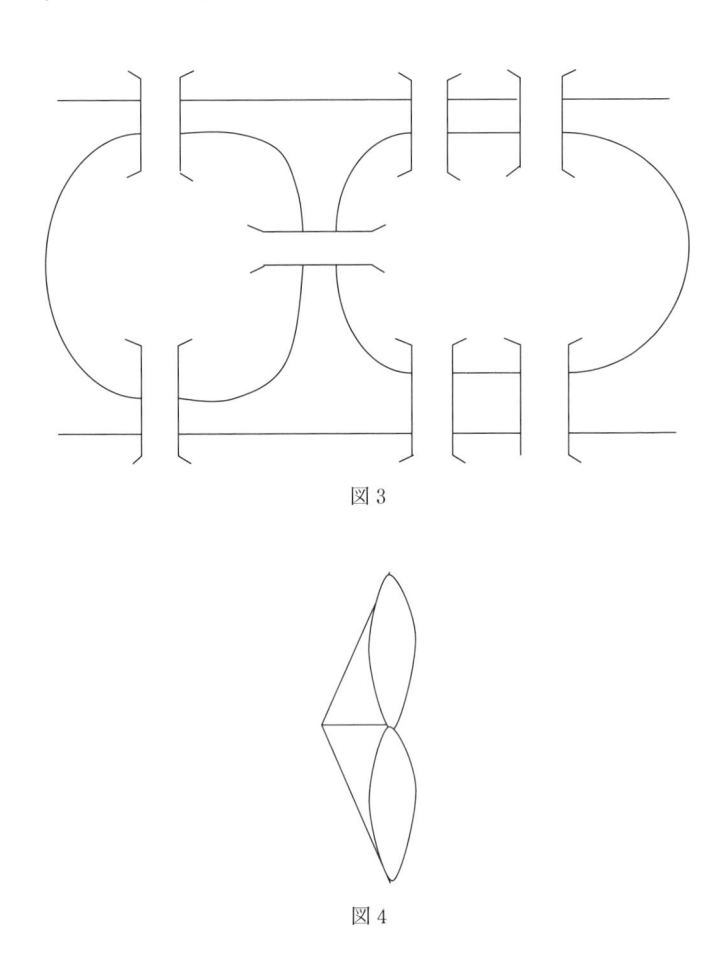

図 3

図 4

は，島と川の両岸を意味している．ケーニヒスベルグの橋をただ1回だけ渡る道順を見つける問題は，図4において，ただ1回だけおのおのの辺をたどる道順を見つけることと同じことである．そして，ケーニヒスベルグの人々がおそらく行ったと思われる試行錯誤的方法に代わり，オイラーはグラフを与えられたとき，おのおのの辺をただ1回ずつたどる道順（一筆書き）があるかどうかを判定する基準を見つけた．この基準が，先ほど紹介した場合(1)と場合(2)である．

また，オイラーは，「あるグラフが与えられたとき，おのおのの辺を1回ずつたどる道を，そのグラフのオイラー道」と定義した．さらに「与えられたグラフのおのおのの辺をただ1回ずつたどり出発にもどるような閉路を，そのグラフのオイラー閉路」と定義した．

2．巡回セールスマンの問題

さて，後半の第2の問題は，巡回セールスマン問題である．これは，オイラーの一筆書き問題の応用である．地理に不案内でも，地図を持っていなくてもムダなく，街路を回れる方法である．セールスマン（この場合は，学生アルバイト）は，道の途中を通っているときは，家庭訪問に熱中し，交差点にきたときのみ，どの方向へ行くかだけを決めればよい．そのとき，この交差点の位置や道の状況は一切関係がない．大事なことは，交差点をどのようにして以前通ったかだけを覚えていればよい．そのとき，交差点で次のように考える．

一つは，以前に通っていない道があれば，その道を進むことを考える．もう一つは，この交差点を通るどの道も以前に1回は通ったことがあるときは，残っている方向の中で，反対方向で最後に通った道を選択すればよい．

たとえば，図5を見ていただこう．ここの道順で⑩はD点からF点

マトリックス思考事例 ⑯

へ行っている．こんど，F 点から行ける点は，C 点，D 点，E 点，である．ところが，F 点から E 点へはすでに⑤で行っている．したがって，F 点から行ける点は C 点か D 点である．ところが，C 点と D 点へ行く反対方向の道は，C 点から④で，D 点からは⑩（すなわち，4 番目と 10 番目に来ている）で F 点に来ている．したがって，最後に通った道は 10 番目の D 点である．次の 11 番目は，F 点から D 点へ⑪となる．

このように考えると，この例の問題は先ほどの図 5 に示すような同順になる．

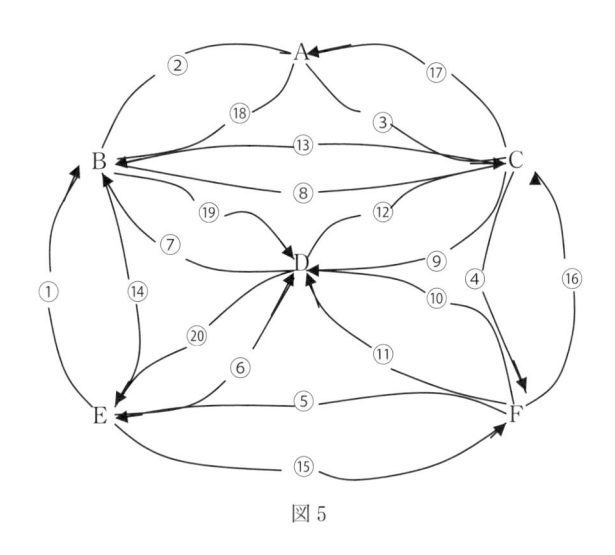

図 5

すなわち，E 点から番号順に進み，再び E 点に到着するのである．この巡回セールスマン問題は昔から大変関心をもたれてきたテーマであるが，この問題は最少の長さのハミルトン閉路を探す問題になっている．この場合，閉路の長さは閉路に含まれる各辺の長さの和である．

ここで，聞き慣れないハミルトン閉路について説明する．第 1 の問題で説明したオイラーの道または閉路によく似た問題に，「与えられたグ

ラフの各頂点を 1 回だけ通過する道(閉路)をハミルトン道(閉路)」という．これは，ウイリアム・ハミルトンが，12 面体の稜をたどり，すべての頂点をちょうど 1 回だけ通過する道順を決める「世界周遊ゲーム」からきている．

マトリックス思考事例⑰

多段階配分問題

　大阪市内に3つの高級レストランを所有しているオーナーは，腕のいいシェフ"フランス料理"を8人採用した．ところが，3つの高級フランス風レストランにそれぞれ何人ずつ配置したらよいか迷ってしまった．ただし，各店には，最低一人は配置しなければならない．そこで，まず，それぞれの店に x_1, x_2, x_3 人のシェフを配置したときに，増加する利益を試算し表1にまとめた．$g_1(x_1)$ とはNo.1の店に x_1 人のシェフを配置したときの増加利益である．この数字は，過去の経験やカンをもとに，客のマーケットリサーチを行った末，出した結論である．さて，この数字をもとにして，オーナーは，「増加総利益を最大にするためには，3つの高級レストランに8人のシェフをそれぞれ何人ずつ (x_1, x_2, x_3) 配置したらよいか」を知りたいのである．

　このような相談を受けた私は，動的計画法（DP）を使い，この問題を解決することにした．さて，どのような結論に達したのであろうか？

x_1	1	2	3	4	5	6
$g_1(x_1)$	25	45	65	80	90	100
$g_2(x_2)$	10	40	70	100	120	140
$g_3(x_3)$	15	30	60	85	100	110

表1　増加利益表

　動的計画法（ダイナミック・プログラミング，略してDPという）は，

ベルマンによって考えられた計画数学の一分野であり,多段階決定過程の問題を関数方程式に置き換える方法と,その解を求める方法について,「最適性の原理」を用いた理論により組み立てられている.

いま,ある経済的資源 a を,そこからの利益が最大になるように N 個の経済活動に配分する問題を考えよう.この問題では,異なる経済活動が N 個あり,第 1 番目の経済活動,第 2 番目の経済活動,……,第 N 番目の経済活動にそれぞれ配分する資源量を $x_1, x_2, \cdots, x_N$ とする.そうすると,総資源量が a であるから次の式が成り立つ.

$$a = x_1 + x_2 + \cdots x_N = \sum_{i=1}^{N} x_i \quad (x_i \geq 0) \tag{1}$$

ところで,第 i 番目の経済活動(資源配分量 x_i)から生まれる利得を $g_i(x_i)$ とすると,資源 a から得る総利得 I は,

$$\begin{aligned} I &= g_1(x_1) + g_2(x_2) + \cdots + b_N(x_N) \\ &= \sum_{i=1}^{N} g_i(x_i) \end{aligned} \tag{2}$$

となる.したがって,以上の多段階決定問題は,制約条件(1)のもとで,式(2)の I を最大にすることである.

いま,経済資源 a からの総利得の最大値を $f_N(a)$ とすれば,$f_N(a)$ は次の式で表される.

$$f_N(a) = \max \left[g_N(x_N) + g_{N-1}(x_{N-1}) + \cdots + g_1(x_1) \right]$$
$$\left[\begin{array}{l} \sum_{i=1}^{N} x_i = a \\ x_i \geq 0 \end{array} \right] \tag{3}$$

この式は,次のように書き換えることができる.

$$f_N(a)$$
$$= \max[g_N(x_N) + \max\{g_{N-1}(x_{N-1}) + g_{N-2}(x_{N-2}) + \cdots + g_1(x_1)\}]$$
$$0 \leq x_N \leq a$$
$$\left[\sum_{i=1}^{N} x_i = a \atop x_i \geq 0 \right] \tag{4}$$

式(4)は次のように解釈できる．最適決定例 $x_{N-1}, x_{N-2}, \cdots, x_1$ は，経済資源 $(a-x_N)$ を $(N-1)$ 段階の過程に対して行う最適配分を表するから，そのときの最大利得は，

$$f_{N-1}(a-x_N) = \max\{g_{N-1}(x_{N-1}) + \cdots + g_1(x_1)\}$$

となる．さらに x_N $(0 \leq x_N \leq a)$ から生まれる利得は $g_N(x_N)$ であるから，式(4)の総利得の最大値 $f_N(a)$ は，$g_N(x_N)$ と $f_{N-1}(a-x_N)$ の和として表せる．

$$f_N(a) = \max[g_N(x_N) + f_{N-1}(a-x_N)] \ (N \geq 1)$$
$$0 \leq x_N \leq a \tag{5}$$

式(5)の関数方程式の正当性を証明するものとして，ベルマンは最適性の原理を説明している．最適性の原理とは，最初の状態と最初の決定がどのようなものであっても，残りの決定は最初の決定から生まれた状態に対して，最適対策となっていなければならないというものである．

上述した動的計画法（DP）をこの問題に適用すると，次のようになる．

この問題では，全経済資源が $a_N = 8 \ (N=3)$ で与えられ，経済活動はNo.1 の高級レストラン，No.2 の高級レストラン，No.3 の高級レストランの3段階である．増加総利益は，

$$f_N(a_N) = \max[g_1(x_1) + g_2(x_2) + g_3(x_3)] \ (N=3)$$

$$\left[\begin{array}{l} \sum_{i=1}^{3} x_i = 8 \\ x_i = 正の整数 \end{array} \right]$$

で表される．また，どの高級レストランにもシェフを最低一人は配置しなければならないから，各高級レストランのシェフの数は6人より多くなることはなく，制約条件として，

$$1 \leq x_i \leq 6, \quad x_i = 正の整数$$

が与えられる．したがって，最適性の原理を適用すると，次の関数方程式が導かれる．

$$f_N(a_N) = \max[g_N(x_N) + f_{N-1}(a_N - x_N)]$$

$$\left[\begin{array}{l} 1 \leq x_N \leq 6 \\ x_i = 自然数 \end{array} \right]$$

この問題を解く方法は，まず第1段階(No.1 の高級レストランの活動)だけを考え，最大増加利得を見つける．その次に，第2段階(No.1 と No.2 の高級レストランの活動)を考え，最大増加利益を見つける．最後に第3段階(No.1，No.2，No.3 の高級レストランの活動)を考え，総増加利益が最大になる配分を解くのである．

まず，第1段階の最大増加利益 $f_1(a_1)$ は，次のようになる．

$$f_1(a_1) = \max[g_1(x_1)] = g_1(x_1) \ (a_1 = 1, 2, \cdots, 6)$$

$$\left[\begin{array}{l} x_1 = a_1 \\ x_1 = 自然数 \end{array} \right]$$

$f_1(a_1)$ の値は，表1の1行目の値である．

$$f_1(1) = 25, \quad f_1(2) = 45, \quad f_1(3) = 65,$$
$$f_1(4) = 80, \quad f_1(5) = 90, \quad f_1(6) = 100$$

次に，第2段階の最大増加利益 $f_2(a_2)$ は，以下のようになる．

マトリックス思考事例 ⑰

$$f_2(a_2) = \max\left[g_2(x_2) + f_1(a_2 - x_2)\right](a_2 = 2, 3, \cdots, 7)$$

$$\begin{bmatrix} 1 \leq x_2 \leq 6 \\ x_2 = 自然数 \end{bmatrix}$$

よって，各 a_2 の値に対する $f_2(x_2)$ の値を計算すると，

$f_2(2) = g_2(1) + f_1(1) = 10 + 25 = 35$

$f_2(3) = \max\left[g_2(1) + f_1(2),\ g_2(2) + f_1(1)\right]$
$\quad\quad = \max[55, 65]$
$\quad\quad = 65$

$f_2(4) = \max\left[g_2(1) + f_1(3),\ g_2(2) + f_1(2),\ g_2(3) = f_1(1)\right]$
$\quad\quad = \max[75, 85, 95]$
$\quad\quad = 95$

$f_2(5) = \max[g_2(1) + f_1(4),\ g_2(2) + f_1(3),\ g_2(3) + f_1(2),$
$\quad\quad\quad g_2(4) + f_1(1)]$
$\quad\quad = \max[55,\ 65]$
$\quad\quad = 65$

$f_2(6) = \max[g_2(1) + f_1(5),\ g_2(2) + f_1(4),\ g_2(3) + f_1(3),$
$\quad\quad\quad g_2(4) + f_1(2),\ g_2(5) + f_1(1)]$
$\quad\quad = \max[100, 120, 135, 145, 145]$
$\quad\quad = 145$

$f_2(7) = \max[g_2(1) + f_1(6),\ g_2(2) + f_1(5),\ g_2(3) + f_1(4),$
$\quad\quad\quad g_2(4) + f_1(3),\ g_2(5) + f_1(2),\ g_2(6) + f_1(1)]$
$\quad\quad = \max[110, 130, 150, 165, 165]$
$\quad\quad = 165$

となる．

最後に，第3段階の総増加利益の最大値 $f_3(a_3)$ を計算する．
$$f_3(a_3) = \max [g_3(x_3) + f_2(a_3 - x_3)]$$
$$\begin{bmatrix} 1 \leq x_3 \leq 6 \\ x_3 = 自然数 \end{bmatrix}$$

$a_3 = 8$ に対する $f_3(a_3)$ は，
$$\begin{aligned} f_3(8) &= \max [g_3(1) + f_2(7),\ g_3(2) + f_2(6),\ g_3(3) + f_2(5), \\ &\qquad g_3(4) + f_2(4),\ g_3(5) + f_2(3),\ g_3(6) + f_2(2)] \\ &= \max [180, 175, 185, 180, 165, 145] \\ &= 185 \end{aligned}$$

となる．

ところで，いま求めた最大増加利益 $f_3(8) = 185$ は，次の式により得られるのであるから，

$$f_3(8) = g_3(3) + g_2(4) + f_1(1) = 185$$

$$f_2(5)$$

$$f_3 = (8)$$

x_1, x_2, x_3 の値はそれぞれ $x_3 = 3,\ x_2 = 4,\ x_1 = 1$ となる．

したがって，全経済資源シェフ8人の最適配分問題は，No.1 の高級レストランに1人，No.2 の高級レストランに4人，No.3 の高級レストランに3人をそれぞれ配置することにより，総増加利益の最大値185が得られる．

最適配分がわかったこのオーナー氏，早速，各店の支配人にシェフの配属を指示したそうである．

マトリックス思考事例⑱

最短経路問題

あるとき，私は，道に迷い，図1に示すような道路で右往左往していた．現在点は①で目的地は⑫である．

さて，ノード①から出発して，ノード⑫に到達する場合，最小時間で到達する経路で探索しかつそのときの所要時間を求めてみよう．ただし，各ノード間の所要時間は，ノードを結ぶリンクの上に示したとおりで，ノード②・③の間と⑩・⑪の間を除いて，矢印方向は一方通行である．ここでノードとは点を表し，リンクとは線を表している．

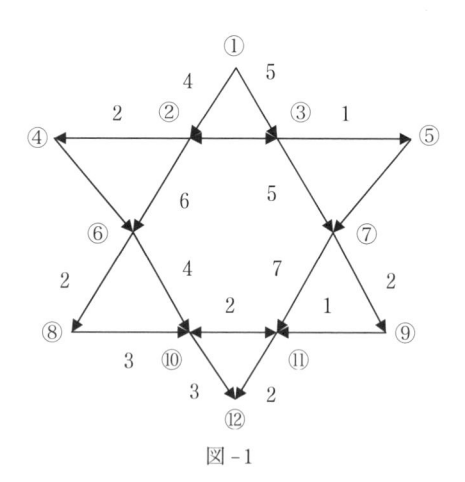

図 -1

この問題は，動的計画法（ダイナミック・プログラミング）を用いると簡単に解ける．この問題を解くにあたり，まず次のような関数 $h(m)$ を定義する．

$h(m)$：ノード $m(m=1, 2, \cdots, 12)$ からノード⑫まで動くのに必要な最小時間

関数 $h(m)$ によって，この問題の解は，$h(1)$ の値を見つけることに帰着される．ところでノード n からノード⑫にいたる最小時間は $h(n)$ であるから，ノード m とノード n を結ぶ道を移動するのに，t_{mn} 分かかるとすると，ノード m からノード n を経由してノード⑫に到達するのに要する最少時間は，

$$\min_n [t_{mn} + h(n)]$$

となる．ノード m からノード⑫にいたる最短経路を見つけるのであるから，

$$t_{mn} + h(n)$$

が最少になるようにノード n を決めなければならない．したがって，最適性の原理（既に説明している）を適用すると，$h(m)$ は，

$$h(m) = \min_n [t_{mn} + h(n)]$$

で与えられる．したがって，$h(11)$ を求めるには，ノード⑫から始めて，ノード①に戻ってくる計算を順次積み上げていけばよいことになる．つまり，はじめに $h(12)$ を求め，$h(11)$, $h(10)$ ……と進んで，最後に $h(1)$ を求めるのである．

さて，明らかに，

$$h(12) = 0$$

であるから，次に $h(11)$ の値を計算する．

$$h(11) = \min_n [t_{11,n} + h(n)]$$
$$= \min [t_{11,12} + h(12), \; t_{11,10} + h(10)]$$
$$= \min [2+0, \; 2+h(10)] \quad h(10) > 0$$

だから，$h(11) = 2$ である．したがって，ノード⑪からノード⑫への最短経路は，ノード⑪→ノード⑫である．

同様にして $h(10)$ は,
$$\begin{aligned} h(10) &= \min_n [t_{10,n} + h(n)] \\ &= \min [t_{10,12} + h(12),\ t_{10,11} + h(11)] \\ &= \min [3+0,\ 2+2] \\ &= 3 \end{aligned}$$
である．したがって，ノード⑩からノード⑫への最短経路は，ノード⑩→ノード⑫である．

また $h(9)$ は,
$$\begin{aligned} h(9) &= \min_n [t_{9,n} + h(n)] \\ &= t_{9,11} + h(11) \\ &= 1+2 \\ &= 3 \end{aligned}$$
である．したがってノード④からノード⑫への最短経路は，ノード④→ノード⑥→ノード⑩→ノード⑫である．

$h(3)$ は
$$\begin{aligned} h(3) &= \min_n [t_{3,n} + h(n)] \\ &= \min [t_{3,2} + h(2),\ t_{3,5} + h(5),\ t_{3,7} + h(7)] \\ &= \min [4+h(2),\ 1+7,\ 5+5] \\ &= \min [4+h(2),\ 8] \end{aligned}$$
となる．ここで，$h(2)$ が未知であることに注意して，$h(2)$ を計算する．
$$\begin{aligned} h(2) &= \min_n [t_{2,n} + h(n)] \\ &= \min [t_{2,3} + h(3),\ t_{2,4} + h(4),\ t_{2,6} + h(6)] \\ &= \min [4+h(3),\ 2+8,\ 6+7] \\ &= \min [4+h(3),\ 10] \end{aligned}$$
次に，$h(2)$ の値を $h(3)$ に代入すると次のようになる．

$$h(3) = \min[4+4+h(3),\ 4+10,\ 8]$$
$$= \min[8+h(3),\ 8]$$

$h(3) > 0$ だから，

$$h(3) = 8$$

である．したがってノード③からノード⑫までの最短経路は，ノード③→ノード⑤→ノード⑦→ノード⑨→ノード⑪→ノード⑫である．

また，$h(2)$ の値は，

$$h(2) = \min[4+8,\ 10] = 10$$

である．したがって，ノード②からノード⑫までの最短経路は，ノード②→ノード④→ノード⑥→ノード⑩→ノード⑫である．

最後に $h(1)$ の値を計算する．

$$h(1) = \min_n [t_{1,n} + h(n)]$$
$$= \min[t_{1,2}h(2),\ t_{1,3}+h(3)]$$
$$= \min[4+10,\ 5+8]$$
$$= 13$$

である．

したがって，ノード①からノード⑫までの最短経路はノード①→ノード③→ノード⑤→ノード⑦→ノード⑨→ノード⑪→ノード⑫である．そのときの最少所要時間は 13 分となる．これで，私も安心して目的地に着くことができる．これからも道に迷ったときは，動的計画法（DP）で目的地までの道順を探すことにする．

マトリックス思考事例⑲

サンクトペテルスブルグの逆説

　その昔，ロシアのペテルスブルクでのこと，二人の青年が一人の若い娘を同時に愛してしまった．しかも，二人のいちずな気持ちが，この娘の判断を鈍らせてしまった．仕方がないので，何かの勝負で決着をつけることになった．ピストルによる決闘も考えられたが，一方が死ぬことになり，周囲の人々の説得で中止になった．そこでサイコロの勝負をすることになった．

　丁(偶数)か半(奇数)かを事前に予告して，その結果で争うこの勝負，ラスベガスのルーレットや，マカオの大小賭博と同一である．しかし，1回で勝負を決するのは，二人ともしのびなかった．何回か勝負をし，その平均値で決したかった．この場合，短い期間なら，特別ついている(強運)をかついていない(衰退)とかはあり得る．しかし，十分に長い期間をとれば，いかさまをしない限り，特に勝ったり負けたりはしないはずである．すなわち，勝ち負けはこの二人に均等に配分されているはずである．

　たとえば，この娘を丁半のサイコロ勝負にかけたとする．すると，当たる確率は$1/2$で，当たらない確率も$1/2$になる．そして，当たれば1獲得するが，当たらなければ0で何も獲得することができない．

　このように，すべての可能性を平均した利得を期待値というが，丁半賭博における期待値$E(X)$は次のようになる．

$$E(X) = 1 \times \frac{1}{2} + 0 \times \frac{1}{2} = \frac{1}{2}$$

よって，多数回このゲームに興じれば，この娘を獲得できる期待値は1/2になる．したがってこのゲームでは，決着がつかないことになる．

そこで，一方の青年が，「丁半賭博よりおもしろいゲームがあるから，それで決着をつけよう」といいだした．このゲーム，サイコロを用いて丁・半で勝負するところまでは同じである．どこが違うかというと，一方がサイコロを振り，丁なら丁（丁か半かは事前に決めておく）がでれば，ゲームは終わるというものである．賭けた方の目が出るまで，サイコロを振り続けるのである．その結果，サイコロを投げた回数を N 回とすると，プレーヤー（サイコロを振った人）は，

$$X = 2^N \text{ (円)}$$

獲得することになる．3回目にでれば，2の3乗で8円，5回目ならば2の5乗で32円獲得するのである．さて，このプレーヤーがこのゲームを十分長く続けた場合，獲得できる期待額はいくらになるのであろうか．すなわち，この娘を獲得できる水準は，どのくらいに設定すればよいのであろうか．この期待値を超えれば，運良く娘を獲得できるのだ．

そこで，このゲームの期待値（額）を計算するのであるが，丁半賭博のときと同じように，ある事象（サイコロ）を振る回数の起こる確率と，そのときにプレーヤーが獲得する利得を計算し，整理すると，表1に示すようになった．したがって，プレーヤーの獲得する期待値は次のようになる．

$$E(X) = 2 \times \left(\frac{1}{2}\right) + 4 \times \left(\frac{1}{4}\right) + 8 \times \left(\frac{1}{8}\right) + 16 \times \left(\frac{1}{16}\right) + 32 \times \left(\frac{1}{32}\right) + \cdots$$
$$= 1 + 1 + 1 + 1 + 1 = \cdots$$
$$= \infty$$

すなわち，サイコロを振る回数に関係ナク，プレーヤーがある回数サ

イコロを振ったときに獲得するであろう利息の期待値は，1円になる．そしてサイコロを振る回数は無限大まで可能であるから，この場合，事象はあると考えられる．つまり，1円を無限回加えるのである．したがって，このゲームでプレーヤーが獲得するであろう利得の期待値（平均値）は無限大の金額になるという結論が得られたことになる（この娘が∞円というすばらしい価値をもっていることが発見された）．

サイコロを振る回数	事象の確率	プレイヤーの獲得する利得
$N=1$	$P(N=1) = \dfrac{1}{2}$	2（円）
$N=2$	$P(N=2) = \dfrac{1}{2^2} = \dfrac{1}{4}$	$2^2 = 4$（円）
$N=3$	$P(N=3) = \dfrac{1}{2^3} = \dfrac{1}{8}$	$2^3 = 8$（円）
$N=4$	$P(N=4) = \dfrac{1}{2^4} = \dfrac{1}{16}$	$2^4 = 16$（円）
$N=5$	$P(N=5) = \dfrac{1}{2^5} = \dfrac{1}{32}$	$2^5 = 32$（円）
⋮	⋮	⋮
$N=i$	$P(N=i) = \dfrac{1}{2^i}$	2^i（円）
⋮ ∞	⋮	⋮

表-1

そこで，このゲームに勝利するために（すなわち娘を獲得するのに），どれだけのお金を支払うことにすれば，このゲームが「公正」といえるであろうか．期待値（平均値）の計算からは，無限大のお金ということになるが，二人の青年（プレーヤー）とも納得するであろうか．愛する女性のためなら無限大のお金を調達してくるのであろうか．

二人の青年が，ともに精神がノーマルであれば，このゲームをプレーするのに，わずか5円でさえ出そうとは思わない，と考えられる．

なぜなら，このゲームを無限に多くの回数プレーすることが可能であ

り，そして実際どれほど多くのお金を提供してみたところで，これは「公正なゲーム」であると認識するには程遠いものと思われるからだ．

　これは，なぜであろうか？

　実は，この問題の原型は，「サンクトペテルスブルクの逆説」という，有名なパラドックスに満ちたものである．このパラドックスを理論的に解析した人はいないが，次のように解釈するとわかりやすいと思われる．

　たとえば，このゲームの胴元（この場は，くだんの娘であろうか？）が無限にお金を持っていなくて（誰が胴元でも当然である），2の50乗円しか持っていないと仮定する（2^{50}円！　これはかなり高額であり，無限に近い金額である）．したがって，サイコロを振る回数が50回を超えても，利得は2の50乗円（2^{50}円）とする．このとき，プレーヤーの利得の期待値はいくらぐらいになるであろうか．そこで，サイコロを振る回数 N と，そのときの確率と，そのときにプレーヤーが獲得する利得を計算し，整理すると，表2に示すようになった．すなわち

サイコロを振る回数	事象の確率	プレイヤーの獲得する利得
$N=1$	$P(N=1)=\dfrac{1}{2}$	2 (円)
$N=2$	$P(N=2)=\dfrac{1}{2^2}=\dfrac{1}{4}$	$2^2=4$ (円)
$N=3$	$P(N=3)=\dfrac{1}{2^3}=\dfrac{1}{8}$	$2^3=8$ (円)
⋮	⋮	⋮
$N=49$	$P(N=49)=\dfrac{1}{2^{49}}$	2^{49} (円)
$N=50$	$P(N=50)=\dfrac{1}{2^{50}}$	2^{50} (円)
$N=51$	$P(N=51)=\dfrac{1}{2^{51}}$	2^{51} (円)
⋮	⋮	⋮

表-2

$$E(X) = 2 \times \frac{1}{2} + 4 \times \frac{1}{4} + \cdots + 2^{49} \times \left(\frac{1}{2^{49}}\right) + 2^{50} \times \left(\frac{1}{2^{50}}\right)$$
$$+ 2^{51} \times \left(\frac{1}{2^{51}}\right) + 2^{52} \times \left(\frac{1}{2^{52}}\right) + 2^{53} \times \left(\frac{1}{2^{53}}\right) + \cdots$$
$$= 1 + 1 + \cdots + 1 + 1 + \frac{1}{2} + \frac{1}{4} + \frac{1}{8} + \cdots$$

となる．ところで，
$$P(N \geqq 50) = \frac{1}{2^{50}} + \frac{1}{2^{51}} + \cdots = \frac{1}{2^{49}}\left(\frac{1}{2} + \frac{1}{4} + \frac{1}{8} + \cdots\right) = \frac{1}{2^{49}}$$
ただし,
$$\left(\frac{1}{2} + \frac{1}{4} + \frac{1}{8} + \cdots\right) = 1$$
である．したがって，この場合の期待値 $E(X)$ は次のようになる．
$$E(X) 2 \times \frac{1}{2} + 4 \times \frac{1}{4} + \cdots + 2^{49} \times \left(\frac{1}{2^{49}}\right) + 2^{50} \times \left(\frac{1}{2^{49}}\right)$$
$$= 1 + 1 + \cdots + 1 + 2 = 51 \text{ (円)}$$

すなわち，この娘が 2 の 50 乗円（2^{50} 円）という多くのお金を持っていても，このゲームに参加したプレーヤーの獲得する利得の期待値は，たかだか 51 円である．また，仮にこの胴元（若い娘にはまず不可能だが）が 2 の 100 乗円（2^{100} 円）という莫大な金を持っていたとしても，獲得する利得の期待値は，わずか 101 円である．

「このゲームに参加したプレーヤーの獲得する利得の期待値は無限大である」とする当初の結論は，どう考えても，パラドックスに満ちていることがわかる．そしてこのことは，結果が不確かな事柄を評価するには，期待値（大数の法則に基づいている）の概念ではなく，個人のもっている主観確率から求める平均効用値の概念で測定しなければならないことを教示している．

マトリックス思考事例⑳

効用関数

　ある北方の島国 A で，領土問題が起こった．というのは，10 数年前ちょっとしたいざこざで，元来 A 国の領土であった 4 国の島が，隣接する軍事大国 B のものになってしまった．ところが，いまは交友関係を増し，A・B 2 国の間で，領土問題に関する交渉がはじまったのである．何回かの交渉の末，この北方 4 島は両国共有の領土として共同管理することになった．そしてこの 4 島からの収益を，「ある約束」のもとで配分することとなった．ある約束とは，クジのことである．というのは，配分率については交渉で結論が出ず，運を天にまかせる方法をとったのである．また，このクジは現在 4 島を管理している B が作成し，A 国が引くというものである．

　たとえば，収益の配分率とクジの確率があらかじめわかっている図 1 のクジの場合を考えよう．

Ⅰのクジは，配分率 100％ と 20％ を引きあてるのであるが，その確率は，それぞれ 0.3 と 0.7 とする．一方，Ⅱのクジは，配分率 80％ と 10％ を，それぞれ 0.3 と 0.7 の確率で引きあてる．このとき A 国の代表はⅠとⅡのうち，どちらのクジにトライするのであろうか．この場合，成功・失敗いずれの結果においても，Ⅰのクジの方がつねに有利であり，Ⅰを採用するのは当然である．期待値（事例⑲「サンクトペテルスブルクの逆説」参照）を計算しても結果は明白である．

マトリックス思考事例 ⑳

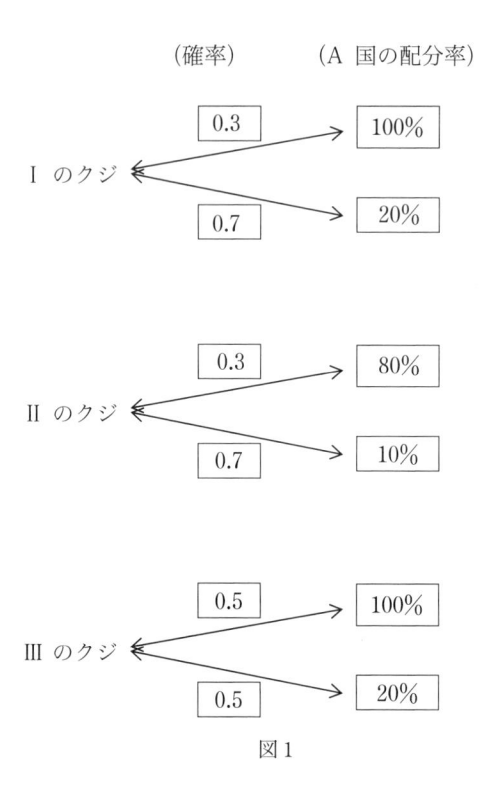

```
                    (確率)        (A 国の配分率)
                  ┌─ 0.3 ─→  100%
         Ⅰのクジ ─┤
                  └─ 0.7 ─→   20%


                  ┌─ 0.3 ─→   80%
         Ⅱのクジ ─┤
                  └─ 0.7 ─→   10%


                  ┌─ 0.5 ─→  100%
         Ⅲのクジ ─┤
                  └─ 0.5 ─→   20%
```

図1

Ⅰのクジ　　$E(Ⅰ) = 100 \times 0.3 + 20 \times 0.7 = 44(\%)$

Ⅱのクジ　　$E(Ⅱ) = 80 \times 0.3 + 10 \times 0.7 = 31(\%)$

次に，図1に示したⅢをⅠのクジと比較してみよう．この場合，成功と失敗どちらでも，同じ配分になっているが，Ⅲのほうが成功確率が高いので，Ⅲのクジを選択するのは，これまた当然である．期待値の計算結果，

Ⅲのクジ　　$E(Ⅲ) = 100 \times 0.5 + 20 \times 0.5 = 60(\%)$

からみても明らかである．

以上，2つのケースのように，クジの確率，もしくは配分率（賞金）のどちらかが同じである場合，比較することは簡単である．しかし，両

方とも違ってくると比較しにくくなる．

たとえば，図2に示したⅣとⅤのクジでは，どちらを選択するであろうか．確率，配分率いずれも異なるので，とりあえず期待値を計算することにしよう．

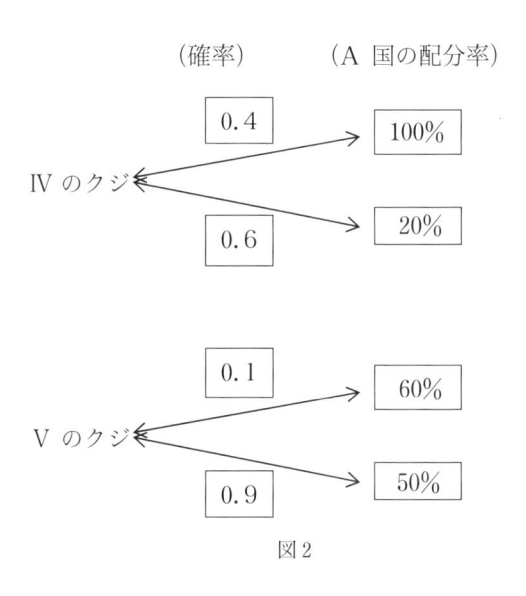

```
          (確率)        (A 国の配分率)

             0.4           100%
    Ⅳのクジ
             0.6            20%


             0.1            60%
    Ⅴのクジ
             0.9            50%
```

図2

Ⅳのクジ　　$E(\text{Ⅳ}) = 100 \times 0.4 + 20 \times 0.6 = 52(\%)$

Ⅴのクジ　　$E(\text{Ⅴ}) = 60 \times 0.1 + 50 \times 0.9 = 51(\%)$

計算結果は，Ⅳのほうが期待値は大きい．したがって，Ⅳのクジを選択するかというと，必ずしもそうではない．むしろ，A国の代表が賢明な政治家なら，期待値は低いかもしれないがⅤのクジを選択するであろう．なぜなら，Ⅳでは，失敗すれば配分率が20％になり，かつ，成功の確率より失敗の確率の方が高くなっているからである．一方，Ⅴでは，少なくとも配分率50％は確保できるのである．

しかし，だからといって，国を代表する政治家が全員Ⅴのクジを選択

するかというと，必ずしもそうではない．さてどのように考えればいいのであろうか？

さて，この問題のような選択は，その政治家がもっている「リスク回避」の程度によるものである．このことにより，期待値の法則に基づかない，その人間（集団）が主観的にもっている確からしさが，意思決定の際に重要な要素になっていることがわかる．このような確からしさを主観確率というが，この考えを用いた効用関数という概念より，先ほどのパラドックスは解決する．

一般に，お金をはじめいろいろな価値（この例における配分率等々）の効用（満足度）は，その値が増えるにつれ，効用（満足度）の増加量は減ることが普通である．そこで，本稿（収益の配分率に関する例）における満足度（効用）の曲線（関数）を求めてみよう．

はじめに，最低の満足度（効用）を0とする．収益の配分率の例では，零パーセントがこれに当たる．したがって満足度（効用）は，

$$S(0) = 0$$

となる．一方，最高の満足度（効用）を1とする．この例では，配分率100％がこれに当たる．その満足度（効用）は，

$$S(100) = 1.0$$

となる．

次に，丁半賭博で，丁がでれば配分率100％を獲得でき，半が出れば零％になる賭けを想定する．この賭けと，確実にある％の配分率を獲得できる場合とが同じ満足度（効用）になることがある．この場合の配分率がいくらくらいかを推定する．たとえば，80％の配分率が確実に獲得できるなら，このような賭けはしないであろう．また，20％の配分率しか確実に獲得できないのなら，この賭けに打って出るであろう．そこで，確実に獲得できる配分率を変えながら，この賭けとどちらがよ

いかを尋ねていく．このようにして，どちらでもよいと答えた配分率が40％なら，この値がA国の代表となった政治家の満足度(効用)を0.5とする値である．すなわち，

$$S(40) = 0.5$$

となる．次に $[S(0) = 0]$ と $[S(40) = 0.5]$ を考えて，丁が出れば40％の配分率，半が出れば零％になる賭けを想定する．この賭けと，確実に獲得できる配分率がいくらになれば，どちらでもよいかという質問を行い，その値が15％なら，

$$S(15) = 0.25$$

となる．次に $[S(40) = 0.5]$ と $[S(100) = 1.0]$ とを考えて，丁が出れば100％，半が出れば40％の配分率になる賭けを想定する．この賭けと，確実に獲得できる配分率がいくらになれば，どちらでもよいかという質問を行い，その値が60％なら，

$$S(60) = 0.75$$

となる．

次に，A国の代表の答えが整合性があるかどうかを検証する．つまり，満足度(効用)0.75と0.25の中間に満足度(効用)0.5あるかどうかをチェックする．そこで，A国の代表に再度「丁が出れば60％の配分率，半がでれば15％の配分率になる賭けと，確実に40％の配分率が得られるのとでは，どちらがよいか」と質問をする．どちらでもよいと答えれば，整合性があるといえる．もしそうでなければ，最初から答え直す必要がある．

その結果，次の5点が満足度(効用)の点として定まった．

$S(0) = 0$, $S(15) = 0.25$, $S(40) = 0.5$, $S(60) = 0.75$, $S(100) = 1$

これらの点を結ぶと，A国の代表の配分率に対する「満足度の曲線」(効用の関数)が得られた(図3)．

マトリックス思考事例 ⑳

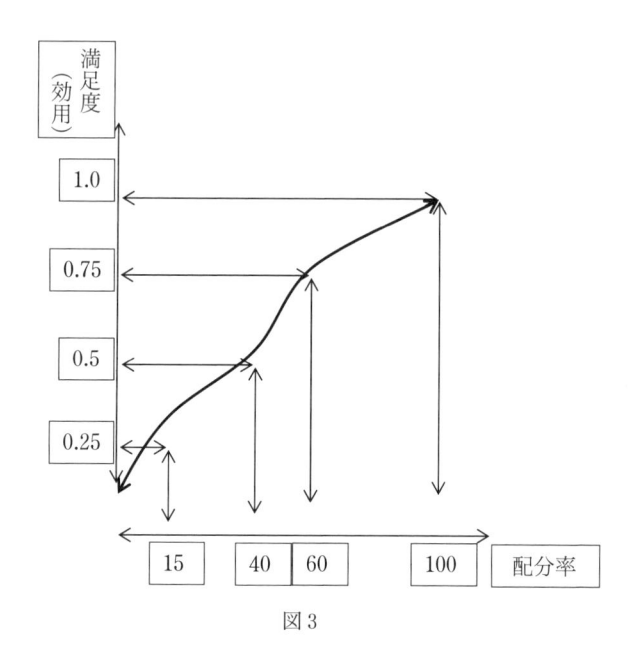

図3

ところで、この効用関数をもとにして、パラドックスに満ちたⅣのクジとⅤのクジの比較評価を行う。ただし、図3より、配分率20％と50％の満足度(効用)を推定すると、

$$S(20) = 0.3, \quad S(50) = 0.65$$

となる。したがって、ⅣのクジとⅤのクジの平均(期待)効用値は、それぞれ次のようになる。

　　Ⅳのクジ　　$E(\mathrm{IV}) = 1.0 \times 0.4 + 0.3 \times 0.6 = 0.58$
　　Ⅴのクジ　　$E(\mathrm{V}) = 0.75 \times 0.1 + 0.65 \times 0.9 = 0.66$

この結果、期待効用値はⅤのクジのほうが高くなり、常識的な選択結果と一致することがわかる。

ところで、実際にはどうなったか。A国の代表はⅤのクジを引き、その結果、50％の配分率を獲得した(やはり、0.9の確率のほうになった)。

A・B 両国は，仲良く半々の収益を得て，両国代表とも満足気であった．

エピローグ ── マトリックス思考の応用例
「東日本大震災」の復興対策が日本を救う

　2011年3月11日(金)マグニチュード9.0の「東日本大震災」が発生しました．被災者の方々に謹んでお見舞い申し上げます．さらに，亡くなられた方々には謹んでお悔やみ申し上げます．この震災はまさに，1000年に一度の大震災ですが，その被害は，未曾有のもので，地震，津波，原発事故の三重苦で，この復興には10-30兆円の資金が必要かと思われます．この時，ネックになるのが日本国の財政の問題であります．このことに関して木下は，震災発生以前から以下のような提言をしてきました．すなわち，木下は，日本における平成大不況(失われた20年)と現在進行中の米国サブプライムローン問題に端を発した世界同時株安の内容を分析した結果，マクロ経済学には大きく分けて，「通常経済」と「恐慌経済」の2つの局面があることに気が付きました．そして，「通常経済」の局面では民間企業は良好な財政基盤を前提に設備投資を行い，その結果マックスウェーバーのいう利潤の最大化に向かって邁進しており，そのような中でアダム・スミスのいう「神の見えざる手」は，経済が大きく拡大する方向へと導いてくれます．ところが何10年に1回，民間の夢と欲望が複雑に重なり合ってバブル経済が発生して崩壊すると，経済は「恐慌経済」の局面に入ります．この局面下では，バブル期に借金で購入した資産の価値が大幅に下がり，負債だけが残った企業にとって，投資効率は市場利子率より悪くなります．その結果，設備投資を行わなくなり，マックスウェーバーのいう利潤の最大化から債務の最小化に向かって行きます．つまり，「恐慌経済」下では企業の経営目標は利潤の最大化を離れ，債務の最小化に移り，経済が小さく縮小

する方向へと邁進するのです．

この2つの経済学（木下提案）における経済法則とOR（オペレーションズリサーチ）的分析等は参考文献[3][4]を参照願います．そして，これらの内容をふまえ，2011年の震災の前の3月上旬はリーマンショックの傷跡がまだ深く残り，また世界は同時恐慌経済に入ったままの状態です．したがって，菅政権は『赤字国債を発行して財政出動』すべきだったのです．よく，国の借金はよくないという主張が全マスコミを通じて報道されていますが，正しくは以下に示す通りなのです．

『通常経済では，赤字国債は発行すべきではない』のです．なぜなら，経済主体（個人と企業）は借金して消費や投資を行っています．したがって，これ以上政府は借金すべきではありません．

一方『恐慌経済では赤字国債は発行すべき』なのです．なぜなら，経済主体（個人と企業）は，借金返済をして消費や投資をしなくなっているからです．したがって代わりに政府が借金をして消費（政府は最後の消費者）しなければなりません．しかも日本は，自国通貨建ての国債で，ほとんど自国民が買っています．つまり，日本人の預貯金を管理している日本の金融機関は最も安全な日本国債（利回りが最低であり国債の価格が最高である）で運用しているのです．したがって，国の借金はつまり，個人の金融資産にほかなりません．800兆円もの国の借金があるということは，言葉を換えれば800兆円もの個人の金融資産（日本国債で運用）があるということなのです．また，最も安全な日本国債で運用したおかげで，サブプライムローン関連の危険な運用をしなかったのです．しかしまだこの時点では，デフレギャップは，約30兆円あります．このような時，「東日本大震災」が発生したのです．したがって，このデフレギャップの30兆円で「東日本大震災」の復興をすぐに着手すべきです．

以下は提言のまとめです．

恐慌経済下における震災復興(社会共通資本の整備)の緊急性

　恐慌経済下において震災復興(社会共通資本の整備)政策は正しい政策であります．

　また，恐慌経済下では震災復興(社会共通資本の整備)を行う歴史的な機会であることです．その理由は，国債の利回りが最低値になり，国債の価格が最高値になっていることです．これは，国債の需要が供給をはるかに上回っていることを意味しています．このことは，国債市場が恐慌経済下において震災で不足している社会共通資本を建設する歴史的な機会であることを，政策担当者に訴えていることにほかならないのです．

　恐慌経済下では，震災で不足している社会共通資本を建設することは，正しい政策であるだけでなく，将来の納税者の負担を軽くすることにもなるのです．

　「したがって，震災税ではなく，復興国債(建設国債すなわち赤字国債でも意味は同じです)を発行してすぐに復興の手順を作成すべきです．」

　このような時，東日本大震災からの復興ビジョンを提言する政府の復興構想会議の初会合で，五百旗頭真議長が復興財源を確保するために「震災復興税」の創設を提唱しました．まず「増税ありき」の財源議論には，大きな疑問を投げかけなければなりません．

　3.11に起こった大震災の被害額は，インフラや建造物など直接的な社会共通インフラで，20-30兆円に上ります．東北地方を支えてきた農業や漁業などの産業基盤も大きく毀損しています．復興会議は，議論の基本方針に，「全国民的な支援と負担が不可欠」と盛り込んでいます．「国難」を乗り切るためには，国民の力を結集するのは当然であります．

　しかし，五百旗頭真議長の提言された「復興税」には，やはり問題が多いのです．「全国民的な支援と負担」の意味を間違えておられるので

す．そのためには，「通常経済」と「恐慌経済」におけるお金の流れを知る必要があります．

通常経済(成長経済)の場合

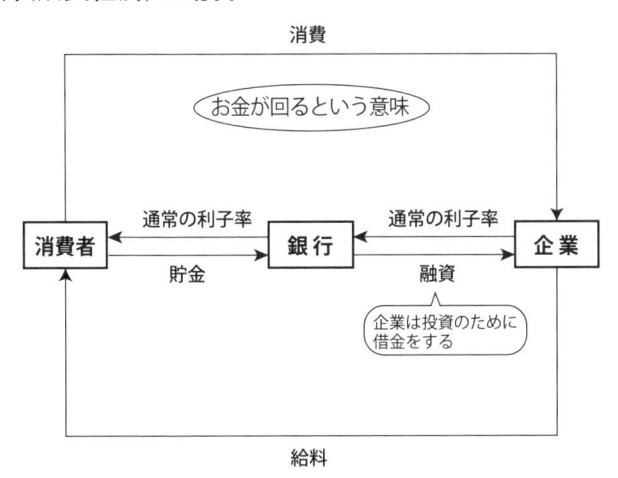

図1　通常経済(インフレ経済)の場合(木下理論 その1)

　図1を参照して下さい．放っておいてもお金がくるくる回って経済が順調に成長しているときは，図1のようになります．つまり，経済成長とは「どれだけお金が回ったか」あるいは「GDPがどれだけ積み上がったか」また，「お金が支出に回ったか」をみて判断すればよいのです．したがって，借金も含めて支出が経済成長だと思って図1をご覧下さい．このときの企業の行動原理は，「利潤最大化を求めて経済活動を行う」であり，消費者の行動原理は，「効用の最大化を求めて消費行動を行う」です．したがって，企業は，どんどん借金をして設備投資や経営規模拡大のために投資をします．その儲けの一部が消費者の所得として回り，消費者は消費行動に励みます．また，銀行は，企業が投資したがる(借りたがる)ので，消費者の預金を運用することができます．

このような，通常経済下において政府が財政出動するとどうなるでしょうか？この場合，投資を増やしたいのにお金が借りにくくなる企業が出てきます．このことを，経済学用語で「クラウディングアウト」といいます．このときは，政府は介入せず，市場に任せるべきです．つまり「財政出動」は，誤りといえるわけです．したがって，このような時の「大震災の復興」の財源は五百旗頭真議長の提言された「復興税」が正しいのです．

恐慌経済（デフレ経済）の場合

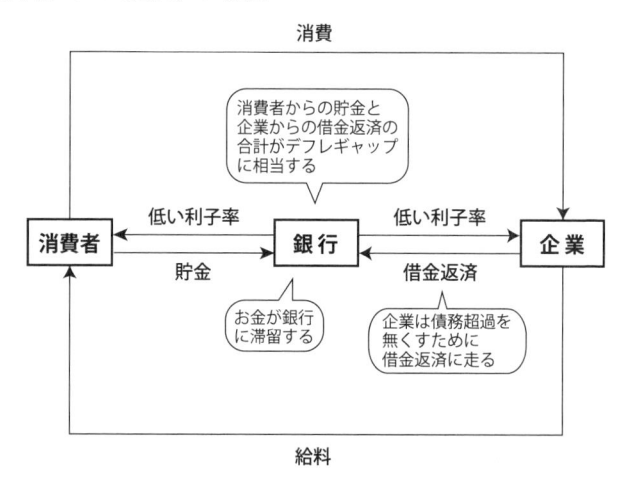

図2 恐慌経済（デフレ経済）の場合（木下理論 その2）

図2を参照してください．さて，今現在問題になっているのがデフレ経済です．このとき企業の行動原理は，「債務の最小化を求めて行動する」であり，消費者の行動原理は，「将来に備え貯蓄に励む」のです．すなわち，バブル崩壊で資産価値が暴落した結果多くの企業が債務超過状態に陥りました．企業は投資を止めて借金返済に走り，消費者は将来に備え貯蓄に励みます．その結果，世の中をクルクル回るお金の量が

減ってしまったのです．図2をご覧になればおわかりのように，お金が銀行に滞留して動けなくなっています．つまり，デフレギャップとは，需要と供給のバランスが崩れて需要が落ち込んでいるときの需要と供給の差ですが，これが消費者と企業から銀行に流れこんだ金額に相当します(図2参照)．今この金額は，30兆円ともいわれています．つまり，デフレ経済下では貯蓄が投資に回らないのです．そして，「継続的に物価が下がり，企業の収益は減少し消費者の所得も減少し」を繰り返し，わずかな需要を奪い合うようになるのです．このような時「東日本大震災」が発生したのです．それでは，この復興対策費はどのように捻出すればよいのでしょうか？　その答えは，前述したように「復興国債，すなわち建設国債(赤字国債)」を発行すればよいのです．それでは，なぜ，恐慌経済(デフレ経済)では，赤字国債が発行できるのでしょうか？　そのために，図3(赤字国債発行のメカニズム)をご覧ください．

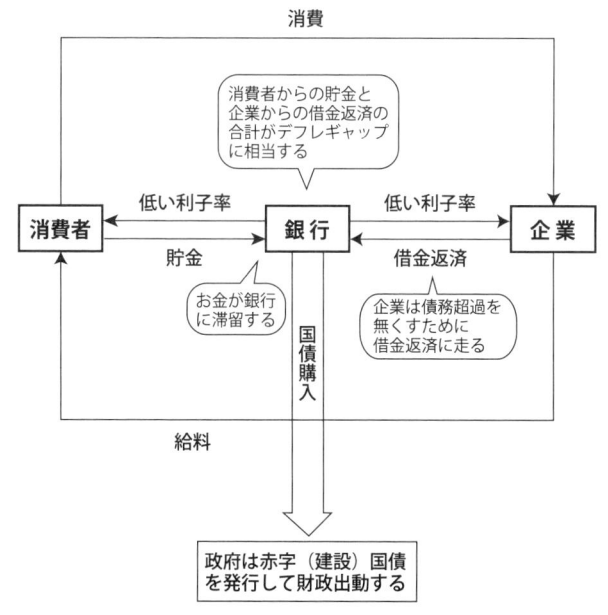

図3　赤字国債発行のメカニズム(木下理論 その3)

この図で，銀行に滞留している金額分，すなわち，デフレギャップ分（消費者からの預金額と企業からの借金返済額の合計がデフレギャップに相当しています）を国債発行で財政出動すればよいのです．こういう時の財政出動は，恐慌経済下にあるお金の流れを元の状態に戻す呼び水のような役割になります．また，この国債の額はデフレギャップ分以上発行する必要もありませんし，それこそ，マスコミと財務省が心配する財政悪化につながります．ところで，今，重要なことはこのデフレギャップ分30兆円弱と「東日本大震災への必要な復興対策費30兆円弱」がほぼ等しいことです．このことにより以下の結論が得られます．

「今，すぐに復興債（赤字国債）30兆円弱の財政出動で東日本大震災の復興対策に取り掛かることは，被災者の支援になるだけでなく，デフレ経済に苦しむ日本経済を救うことにもなるのです．」という結論が得られます．

また，この結論は，「通常経済」と「恐慌経済」という2つの局面から「マトリックス思考」を通じて得られたものなのです．

参考文献
[1] 木下栄蔵,「孫子の兵法の数学モデル」, 講談社ブルーバックス, 1988年2月
[2] 木下栄蔵,「孫子の兵法の戦略モデル」, オーム社, 2006年1月
[3] 木下栄蔵,「経済を支配する2つの法則」, 電気書院, 2004年7月
[4] 木下栄蔵,「経済学はなぜ間違え続けるのか」, 徳間書店, 2009年5月

著者紹介：

木下栄蔵（きのした・えいぞう）

1975年京都大学大学院工学研究科修了，現在，名城大学都市情報学部教授，工学博士．この間，交通計画，都市計画，意思決定論，マクロ経済学，サービスサイエンス等に関する研究に従事．

特に，意思決定論における新しい理論，支配型AHP（Dominant AHP）と一斉法（CCM）を提唱（1997年以降）し，また，マクロ経済学における新しい理論（「通常経済学と恐慌経済学」の提唱，「バブル経済の発生と崩壊のメカニズム」の証明，「リカードの比較優位説に関する独自の証明と反例の証明」）を提唱（2004年以降）している．さらに，サービスサイエンスに関する独自のパラダイムと新しい視点からの独自の分類を提唱（2009年以降）している．

1996年日本オペレーションズリサーチ学会事例研究奨励賞受賞，2001年第6回AHP国際シンポジウム（スイス）においてBest Paper Award受賞，2005年第8回AHP国際シンポジウム（米国）においてKeynote Speech Award受賞，2008年日本オペレーションズリサーチ学会第33回普及賞受賞．2004年4月より2007年3月まで文部科学省科学技術政策研究所客員研究官を兼任．2005年4月より2009年3月まで，名城大学大学院都市情報学研究科研究科長並びに名城大学都市情報学部学部長を兼任．

マトリックス思考

2012年 2月22日　初版1刷発行

検印省略

著　者　　木下栄蔵
発行者　　富田　淳
発行所　　株式会社　現代数学社
〒606-8425 京都市左京区鹿ヶ谷西寺ノ前町1
TEL&FAX 075 (751) 0727　振替 01010-8-11144
http://www.gensu.co.jp/

印刷・製本　　モリモト印刷株式会社

© Eizo Kinoshita, 2012
Printed in Japan

落丁・乱丁はお取替え致します．

ISBN 978-4-7687-0349-6

Q&A：入門意思決定論
──戦略的意思決定とは──

木下栄蔵 著

これからの社会で生き抜いて行くためには，戦略的意思決定が重要なツールになる．その中での意思決定論の数学モデルをわかりやすく解説する．

A5判／1,575円　ISBN978-4-7687-0351-9

Q&A：入門複雑系の科学
──ゆらぎ・フラクタルで現象を測る──

木下栄蔵・亀井栄治 共著

パラダイムの転換期を生きる現代人の実用書．

A5判／1,575円　ISBN978-4-7687-0370-0

最後の砦 ──規範と論理の必要性──

木下栄蔵 著

『失われた規範』を取り戻し，21世紀初等に起こる新しいパラダイムシフトを乗り越える『規範』の概念が"最後の砦"になることを信じて本書を読んでください．

四六判／1,365円　ISBN978-4-7687-0338-0